CARL v. HESS

ZUM
28. JUNI 1924

VON
FRAU DR. MED. SCHMITT-AURACHER
MÜNCHEN

MIT EINEM BILDNIS
UND EINER FARBENTAFEL

MÜNCHEN UND BERLIN 1924
DRUCK UND VERLAG VON R. OLDENBOURG

Photograph Fr. Müller-Hilsdorf. München

Inhaltsübersicht.

  I. Einleitung: Lebensdaten und Ehrungen   3
 II. Heß als Mensch   6
III. Heß als Arzt   7
 IV. Heß als Operateur   8
  V. Heß als akademischer Lehrer und Klinikleiter 10
 VI. Heß als Wissenschaftler. Seine Werke: 12
     a) auf dem Gebiet der Augenheilkunde
     b) auf dem Gebiet der physiologischen Optik
     c) auf dem Gebiet der vergleichenden Physiologie des Gesichtssinnes
VII. Heß als wissenschaftlicher Lehrer 39
VIII. Der Einfluß seiner Werke: 41
     a) auf seine Anhänger
     b) auf das Ausland
     c) auf seine Gegner
 IX. Schatten 44
  X. Schluß 45

I. Einleitung.

LEBENSDATEN UND EHRUNGEN.

Mitten im Waffengeklirr, das zur Abwehr französischen Übermutes 1870 durch ganz Deutschland ertönte, inmitten banger Sorge um das Vaterland, zu einer Zeit, in welcher das Einzelleben der Allgemeinheit gegenüber opferwillig zurücktrat, verbreitete sich, längst gefürchtet doch erschütternd, die Kunde von dem Hinscheiden Albrecht v. Graefes. Welch ein gewaltiger Krieg mußte entbrannt sein, wenn es geschehen konnte, daß ein solcher Verlust für die Menschheit außerhalb der engen Grenzen der speziellen Fachwissenschaft so wenig gewürdigt, so wenig betrauert wurde! So ungefähr schrieb ein Zeitgenosse in seinem Nachruf auf A. v. Graefe.

Tragischer war das Schicksal von C. v. Heß. Nicht im Augenblick der nationalen Erhebung von 1914 wurde er dahingerafft, sondern in einer Zeit tiefen Niederganges des Vaterlandes, in einer Zeit, wo Selbstsucht in widerlichster Weise sich breit macht, in einer Zeit, wo gerade jene Menschen, welche imstande sind, ein Leben wie das Seine zu würdigen, still im Hintergrunde stehen. Welch tiefe Erschütterungen mußten Deutschlands Beziehungen zum Ausland erlitten haben, daß dieser Tod dort, wo so oft seine Hilfe in Anspruch genommen worden war, so wenig gewürdigt und betrauert wurde! Wie ganz anders hätte vor 10 Jahren die Kunde dieses Todes das Ausland bewegt! — Von C. v. Heß gilt, was Hermann v. Helmholtz beim Tode v. Graefes schrieb: „Sein Verlust für die Wissenschaft ist geradezu unersetzlich; denn Männer, die im Gewühl der aufreibendsten Praxis noch große Ideen verfolgen können, kehren nur nach Jahrhunderten zurück." — Ein Jahrhundert allerdings hat es nicht gedauert; als v. Graefe die Augen schloß, war Heß schon geboren. Wie A. v. Graefe stand auch C. v. Heß die Gunst der Verhältnisse zur Seite. Am 7. März 1863 zu Mainz als Sohn des Augenarztes Wilhelm Heß, des langjährigen Schriftführers der Ophthalmologischen Gesellschaft, geboren, war dem geistig unendlich regen

Jungen, der nur mit Ungeduld den langsamen Gang der Gymnasialstudien
trug, der aus jener Zeit eine tiefe, ja oft zu weitgehende Abneigung gegen alle
„Schulmeisterei" behielt, die Möglichkeit geboten, sich spielend in das Gebiet der Augenheilkunde einzuarbeiten, aus des Vaters Munde Wertungen
ihrer Meister, Operationsverfahren usw. zu hören. Wer gesehen hat, wie
Carl v. Heß als reifer, schon selbst berühmter Mann seinem Lehrer Ewald
Hering, dem berühmten Physiologen, gegenüberstand und sich sohnlich
um ihn mühte, kann sich ein Bild davon machen, wie Heß der Jüngling
seinem Vater gegenüberstand. Wie A. v. Graefe fühlte aber auch Carl v. Heß,
daß die Gunst der Verhältnisse Verpflichtungen mit sich bringe. Daher
ein nie rastender Eifer und Fleiß, ein Streben nach höchsten Zielen. Seine
Studienzeit führte ihn nach Paris, Bonn, Heidelberg, Berlin. Das schon
in seiner Knabenzeit erworbene Wissen von Licht und Auge brachte es mit
sich, daß schon die ersten zwei Vorträge von C. v. Heß, damals 24 und
26 Jahre alt, auf der XIX. und XX. Versammlung der Ophthalmologischen
Gesellschaft 1887 und 1889: „Über die Naphthalinveränderungen im
Kaninchenauge und die Massagekatarakt" und „Über den Farbensinn bei indirektem Sehen" wie Werke eines reifen Mannes anmuten.
Über Vieles, was dem jungen Augenarzt und Physiologen jahrelang Unsicher-
heit bereitet, herrschte bei ihm schon ruhige Einsicht und Klarheit. Dabei
war der junge Heß nicht unbescheiden, empfand es vielmehr als große Ehre,
wie er ergötzlich schildern konnte, wenn ein „wirklicher Professor" sich mit
einer Frage an ihn wandte und pflegte „voll Eifer auszupacken, wie man
es nur tut, solange man sehr jung ist." — Nehmen wir zu den obengenannten
ersten Vorträgen noch einen dritten: „Zur vergleichenden Physiologie
und Morphologie des Akkomodationsvorganges", so bezeichnen diese
drei Vorträge die drei Gebiete, auf welche C. v. Heß während seiner ganzen,
fast 40 jährigen Schaffenszeit immer wieder zurückkommt, nämlich:

1. Das Gebiet der Pathologie und Therapie des Linsensystems,
2. das Gebiet des Farbensehens,
3. das Gebiet der vergleichenden Physiologie des Gesichtssinnes.

So frühe berührten Heß die führenden Ideen seines Lebens!

Die Jahre 1886—1891 verbrachte Heß in Prag bei Sattler und Hering.
Nach einem kurzen Aufenthalt in Berlin bei Schöler habilitierte er sich in
Leipzig (1891) für Augenheilkunde und blieb I. Assistent bei Sattler in

Leipzig. Wieder wollte das Geschick ihm wohl: 1895 folgte Hering einem
Ruf nach Leipzig. Dem Schüler war so, bei der nachbarlichen Lage der
Institute, die Möglichkeit geboten, an den physiologisch-optischen Untersuchungen seines so hoch und treu verehrten Lehrers wieder eine Zeitlang
teilzunehmen. Sieht auch das Jahr 1896 Heß als ordentlichen Professor und
Leiter der Universitätsaugenklinik in Marburg, so war durch 6jährige gemein-
same Tätigkeit das Band zwischen Lehrer und Schüler ein so festes, das
gegenseitige Verstehen so groß geworden, daß Besuche in den Ferien und
schriftlicher Gedankenaustausch genügten, um das selten schöne Verhältnis
bis zu Ewald Herings Tode (1918) aufrechtzuerhalten. — Im Jahre 1900
wurde Heß, als Nachfolger von v. Michel, nach Würzburg berufen, wo er
bis 1912 blieb. Diese 12 Jahre waren, nach seiner eigenen Aussage, die glück-
lichsten seines Lebens: Die ideale Lage seines Heims, wo eine Familie, an
der er mit ganzem Herzen hing, nach der Arbeit ihn erwartete, die schöne,
neue Augenklinik, der wachsende Ruhm, eine Zeit höchster wissenschaftlicher Produktivität, die verständnisvolle Teilnahme Boveris an seinen naturwissenschaftlichen Arbeiten, die Möglichkeit sich ab und zu wochenlang mit
ruhigem Gewissen ganz seinen Forschungen widmen zu können, was ihm durch
die Gewissenhaftigkeit und Tüchtigkeit seines Oberarztes — mit dem er sich
im therapeutischen Handeln eins wußte — gestattet wurde, all dies recht-
fertigte ein leises Sehnen nach jenen Verhältnissen, das ihn später nie verließ.
— Im Jahre 1912 folgte er dem Ruf nach München. Die Klinik gewann er
rasch lieb; seine Privatpraxis wurde eine sehr ausgedehnte. Bei aller Liebe
zu ärztlichem Handeln drängte es ihn aber zur Verfolgung seiner wissenschaftlichen Probleme, und die Art seiner wissenschaftlichen Forschung
erlaubte, bedingt durch das Material, kein Verlegen der Untersuchungen
auf die Universitätsferien allein. Genügte also der Tag nicht, so mußte die
Nacht herhalten: jahrelang wurde die Nachtruhe auf ein gesundheitsgefähr-
liches Mindestmaß herabgeschraubt. Er fühlte aber doch wohl selbst, wie
sehr er Raubbau trieb mit seiner Gesundheit, denn gar eindringlich konnte
er andere vor solchem Tun warnen. Und die ungeheure praktische ophthalmologische und physiologische Arbeitsleistung, welche Heß am Tage voll-
brachte, war überhaupt nur möglich in Anbetracht der spielenden Beherrschung der sich bietenden Aufgaben; nur solch souveränes Können gewähr-
leistet die Möglichkeit, eine Arbeit einerseits ohne hindernden Affekt, anderseits mit größter Anteilnahme auszuführen. Dieses souveräne Können ermöglichte es Heß, von einem Operationstermin, in welchem er 13 oder
15 Operationen in der unglaublich kurzen Zeit einer Stunde ausgeführt hatte,

frisch und ruhig zur weiteren Tagesleistung überzugehen: Visite auf Privatstation, Privat- und allgemeine Sprechstunde, Vorlesung, Farbensinnuntersuchungen anzureihen, jede Tätigkeit mehrfach unterbrochen durch Er-
ledigung von Verwaltungsfragen, wie sie die Leitung einer großen Klinik,
die durch seine Stellung bedingte Mitwirkung an der Regelung der Fakul-
tätsangelegenheiten mit sich brachte. An seinem Grabe wurde gesagt: „Er
war der Fleißigste von uns allen.“ Gewiß, aber Heß mußte so ungeheuer
fleißig sein, wollte er die ihm vorschwebenden Aufgaben lösen. Trotz fast
40jährigem unermüdlichen Schaffen konnte er sie nicht alle lösen; wie weit
er die einzelnen Aufgaben gefördert oder gelöst hat, soll später gesagt werden.
— Und nochmal wollte das Geschick ihm wohl: als die Krankheit ihn zwang,
sich auf Monate von der Klinik zurückzuziehen, da hatte er — wie einst
in Würzburg — den Trost, die Klinik in vertrauten, ihm ergebenen Händen
zu wissen. Am 28. Juni 1923 endete der Tod dieses ganz rastloser Arbeit,
der Sorge für die Familie und dem Streben nach dem Hohen gewidmete
Leben. Seine Familie hat, in tiefem Verständnis seiner mit künstlerisch
feinem Empfinden die Natur liebenden Seele, mitten im deutschen Wald
ihm die Ruhestätte bereitet.

An offiziellen Ehrungen waren Heß zuteil geworden: Der Verdienst-
orden der bayerischen Krone, das Ehrenkreuz des Verdienstordens vom hl.
Michael, die Prinzregent-Luitpold-Medaille und das König-Ludwig-Kreuz.
Die Universität Göttingen ernannte ihn zum Ehrendoktor der Universität,
die Gesellschaft der Ärzte Wiens zum korrespondierenden Mitglied. Die
Ophthalmologische Gesellschaft erkannte ihm 1900 den v. Welzeschen Graefe-
Preis und 1922 die Graefe-Medaille zu, die höchste Auszeichnung, welche
sie, ohne Berücksichtigung der Nationalität, demjenigen Ophthalmologen
zu verleihen hat, der in den letzten 10 Jahren die ophthalmologische
Wissenschaft am meisten gefördert hat.

Inoffizielle Ehrungen und Beweise der Liebe und Dankbarkeit seiner
Patienten brachte Heß jeder Tag. Auch die Drucklegung vorliegender
Arbeit wurde durch die großzügige Anhänglichkeit eines Patienten ermög-
licht, bei dem Heß in außergewöhnlich schwieriger Lage die Staroperation
erfolgreich durchgeführt hat.

II. Heß als Mensch.

Als Mensch war Heß von bezaubernder Liebenswürdigkeit und frohem
Sinn, von großer Genußfähigkeit in seinen seltenen Erholungsstunden, von

größter Anspruchslosigkeit für sich selbst. Hatte er auf Grund seiner Kenntnisse, seines scharfen Denkens, seines durchdringenden Blickes, seiner unleugbaren Erfolge gerechtfertigtes Selbstvertrauen, so fehlte ihm doch jedes persönliche Vonsicheingenommensein; nur von seinen Ideen und von seinem Schaffen war er eingenommen. Innere Bescheidenheit war es z. B., die ihn auf Anknüpfung einer ihm wünschenswert erscheinenden wissenschaftlichen Bekanntschaft verzichten ließ; er sagte sich nicht, daß er in solchen Beziehungen doch wahrlich nicht nur der Nehmende, sondern ebensoviel der Gebende sein würde. — Innere Bescheidenheit war es ferner, die ihn veranlaßte, auf eine Festschrift zu seinem 60. Geburtstag zu verzichten. „Nur in dieser Zeit kein Wesen um den Einzelnen machen", sagte er. — Feinste Herzensbildung, weitgehende Rücksichtnahme auf andere, freudige Wertschätzung bedeutender Zeitgenossen, tiefe Verehrung für die Größten unseres Landes — Goethe und Bismarck — waren ihm eigen. Reichtum des Gemütes und hohe Begabung paarten sich in ungewöhnlichem Maße bei Heß. — Im täglichen Leben drückte er seine Gedanken in kurzer, prägnanter Form aus. Wo es ihm darauf ankam, stand ihm die Schönheit unserer Sprache in reichstem Maße zu Gebot. So zeigte er sich als Meister der Sprache in dem Vortrag, welchen er auf der Versammlung deutscher Naturforscher und Ärzte in Wien (1913) hielt: „Über die Entwicklung von Licht- und Farbensinn in der Tierreihe." — Mit kühler Ruhe stand er allem Übertriebenen in der Wissenschaft gegenüber. Irrlehren, die er für verderblich hielt, lehnte er wohl in schroffem Tone ab, was ihm aber nicht leicht wurde und erst geschah, wenn er mehrfach gezeigt hatte, wo der Irrtum lag. Dann erst wurde der liebenswürdige, gütige Mann zum unerbittlichen Verteidiger des heiligen Ernstes der Wissenschaft. Phantastische Kombinationen liebte er nicht. Wo er erkenntnistheoretische Fragen zu behandeln hatte, da ließ ihn Ehrfurcht gegenüber dem Unerforschbaren die Worte sagen: „Wir wissen noch so wenig."

III. Heß als Arzt.

Als Arzt war Heß vorbildlich in der Güte, mit der er jedem Hilfesuchenden entgegentrat und in der Ausdauer seiner Bemühungen. Ein besonders sympathischer Zug seines ärztlichen Handelns war sein Wunsch, bei dem Patienten das Gefühl des Krankseins möglichst wenig zum Bewußtsein kommen zu lassen. Alle seine Maßnahmen erstrebten dies: Licht und Luft, diese

Faktoren von großer psychischer Wirksamkeit, mußten Zutritt haben; auch
für Staroperierte brach er mit dem alten Brauch der Dunkelbehandlung.
In der Klinik sollte ernste Arbeit geleistet werden von ihm und seinen Assistenten. Für die Patienten aber sollte sie der Ort sein, wo man der Genesung
entgegenging, und darum liebte er es, wenn auf Kinderstation gesungen und
gepfiffen, auf Privatstation Musik gemacht wurde. — Und wie lange kämpfte
Heß um ein Auge! Eben weil er sich der Mannigfaltigkeit seiner Erfolgs-
möglichkeiten bewußt war, darum teilte er die Ansicht jener Fachgenossen
nicht, welche jedes perforierte Auge entfernen zu müssen glauben. An einer
Klinik, in welcher die Ärzte in gewissenhaftem Handeln dem Chef zur Seite
stehen, scheint mir der Heßsche Standpunkt der richtige. Heß konnte eben
in dieser Frage etwas wagen, weil er immer wieder, wie in seiner Forscher-
arbeit auch, neue Wege schuf. — Wie groß aber wiederum sein Verantwor-
tungsgefühl und seine Pünktlichkeit im Kleinen war, mag folgender Zug beleuchten: Gegen Abend kommt ein Patient; der diensttuende Arzt untersucht und stellt ihn Heß vor. Heß sagt, sobald die Pupille weit sei, werde
er ihn nochmals ansehen. Anderweitige Inanspruchnahme läßt ihn darauf
vergessen. Auf dem Heimwege, beim Trambahnwechsel, nahe seiner fernab
von der Klinik gelegenen Wohnung, fällt ihm die Sache ein. Sofort kehrt
er um und kommt gegen 8 Uhr nochmal zur Klinik. Das ist einer von vielen
Zügen ähnlicher Art. Ich würde mich vergeblich bemühen, Heß in diesem
Punkt ganz zu zeichnen. Gerade die feinen Schattierungen entziehen sich
der Beschreibung und müssen zum größten Teil Eigentum jener bleiben,
die um ihn waren. — Und wie verstand es Heß auch den meisten Erblindeten
einen Schimmer von Hoffnung für spätere Zeiten mitzugeben! Die Wärme
seines Mitgefühls, die Größe seiner Erfahrung, sein fabelhaftes Gedächtnis
für den Einzelfall seiner langjährigen Praxis gestatteten Heß in gar manchem
Fall die Möglichkeit später doch noch etwas zu erreichen, — und wäre es
nur Lichtschein — in Betracht zu ziehen. So gingen nur sehr Wenige ganz
ohne Hoffnung von ihm.

IV. Heß als Operateur.

Heß besaß in höchstem Grad das, was unserer Zeit mangelt, nämlich
Tradition und Ehrfurcht vor ihr. Tradition haben und Ehrfurcht vor der
Tradition haben, bedeutet keinen Stillstand; dieser Gedanke wäre — gerade
wo es sich um Heß handelt — eine Unmöglichkeit; aber Tradition haben

bedeutet ein vorsichtiges Abwägen vor Aufstellung von etwas Neuem. Auch als Operateur hatte Heß Tradition. Und doch ist er auf diesem Gebiet, ebenso wie auf jedem andern, über seine Lehrer hinausgegangen. Als Operateur hat er es verstanden, auf den Operationsweisen seiner Lehrer fußend, diese zu vereinfachen oder zu verbessern. Sehr klar und eingehend begründet Heß (1909) auf dem Internationalen Kongreß für Medizin in Budapest seine Operationsweise des Stares, Nachstars und der Nachbehandlung des Stares. Er legt besonderes Gewicht auf vollständige Legung des Schnittes in die Sklera und hierdurch mögliche Bildung eines Bindehautlappens, Operieren in maximaler Mydriasis, Ausschauflung der Rindenmassen, kleine Basalexzision der Iriswurzel zur Verhütung des Irisprolapses. Bestimmend für den Zeitpunkt der Operation ist ihm nur die Herabsetzung der Sehfähigkeit durch die Linsentrübung. Totale Iridektomie behält Heß nur für die Staroperation in zwei Zeiten vor. Die übliche Diszission des Nachstars nimmt Heß nur bei allerfeinsten Nachstarhäutchen vor, sonst macht er die Extraktion des Nachstars, und zwar auf zwei Weisen: entweder skleraler Lanzenschnitt mit sofortiger Durchschneidung des Nachstars an passender Stelle mittels der Lanze und Fassen und Entbinden der mittleren, dem Pupillargebiet entsprechenden Teile des Nachstars mittels Pinzette oder skleraler Lanzenschnitt, Eingehen mit der Weckerschere und Einschneidung des Nachstars im Pupillargebiet. Bei seiner Nachbehandlung des Stares tritt als Neuerung an Stelle der Dunkelbehandlung Behandlung im taghellen Raum, an Stelle 8tägigen Bettliegens Verlassen des Bettes am Tage nach der Operation, an Stelle des Okklusivverbandes Tragen einer Aluminiumkapsel mit zentraler Öffnung oder Fuchssches Gitter.

Zur Ausführung der Staroperation trifft Heß folgende Neuerung am Instrumentarium: Der Operationstisch ist nach allen Richtungen drehbar, in jeder Stellung zu fixieren und mit verstellbarer Rücklehne versehen; er ist mittels Ölpumpe in der Höhe verstellbar; der Kranke kann leicht auf ihm Platz nehmen; das für den Patienten lästige Hinaufheben kommt in Wegfall. — Die Beleuchtung des Operationsfeldes geschieht mittels einer elektrischen Lampe, welche an der Stirne des Operateurs befestigt und mit Konvexgläsern verbunden ist, welche als Binokularlupe gebraucht werden können. Die Lidhalter versieht Heß mit doppelten Branchen, zwischen welche passend zugeschnittene Stückchen Mosettigbattist so eingeklemmt sind, daß die Lidränder und die umgebende Haut so gedeckt werden, daß kein Instrument bei der Einführung in das Auge mit Wimpern oder Lidhaut in Berührung kommt. Der Kapselpinzette gibt Heß eine der vorderen

Linsenfläche angepaßte Knickung; zur Entbindung der Linse schafft er
sich den Linsenlöffel; zur Ausschaufelung der Rindenmassen ersinnt er
verschieden breite, flache Schaufeln mit rinnenartigem Vorsprung;
die Weckerschere bekommt lange Führung und bajonettförmige Ab-
biegung.

Und seine einmal festgelegte Operationsweise führte Heß in einer Art
durch, die ihrerseits zur Tradition wurde, d. h. bei gleicher Lage der Fälle
hielt er sich strengstens an sie, jeder Änderung der Lage eines Falles trug er
aber Rechnung. Seine Art zu operieren, war von größter Schlichtheit, Ruhe
und klassischer Schönheit; seine Schnittführung ideal. Die wunderbare
Ruhe und klassische Schönheit, mit welcher Heß Staroperationen ausführte,
ließ wohl nur Wenigen zum Bewußtsein kommen, mit welcher Schnelligkeit
diese Operation vor sich ging. Um einem Laien dies zu veranschaulichen,
sagte ich ihm in kurzen Sätzen die 12 von Heß bei der Staroperation aus-
geführten Handlungen auf; ich verfolgte dabei den Sekundenzeiger meiner
Uhr und mußte feststellen, daß ich zum Aufsagen der 12 Handlungen genau
ebensolange brauchte wie Heß zur Operation selbst, d. h. $1^1/_2$ Minute. —
Man konnte Heß monatelang bei Ausführung seiner intrabulbären Operationen zusehen, ohne nur einmal eine unnötige Bewegung der Hände zu
beobachten. Selbstzucht und Maß verriet es auch in hohem Grad, wenn er,
von einer begonnenen Operation Abstand nehmend, meinte: „Nicht alles
auf einmal erzwingen wollen." Und wenn er nach einer besonders schwierigen,
aber geglückten Operation sich aufrichtete mit dem Wort: „Ideal" oder
„Gerade so wollte ich es", so war dies bei Heß eine durchaus objektive
Äußerung.

Von seinen intrabulbären Operationen sei noch ganz besonders erwähnt die Feinheit seiner Iridektomie, welche er an Augen, welche
die denkbar ungünstigsten Verhältnisse boten, noch glatt ausführte.

Die extrabulbären Operationen hat Heß durch seine Ptosisope-
ration bereichert; sie gibt, bei richtiger Nachbehandlung, sehr gute Dauer-
resultate.

V. Heß als akademischer Lehrer und Klinikleiter.

Als Universitätslehrer verfügte Heß über einen klaren, schönen Vortrag,
besonders eindrucksvoll gemacht durch eine weittragende, modulationsfähige
Stimme. Das Wesentliche jedes Falles und jedes Kapitels der Augenheil-

kunde arbeitete er in kurzen, prägnanten Zügen heraus. Er verstand wie
wenige zu lehren; hatte aber eine starke Abneigung gegen alle „Schulmeisterei". Hierin ging er zu weit. Viele Studenten können eben einer gewissen „Schulmeisterei" nicht entraten; der Universitätsbetrieb gibt in dieser
Hinsicht eher zu wenig. So konnte, besonders in den letzten Jahren, die
Vorlesung ihm nicht die Freude und Genugtuung bringen, die er nach seiner
Qualität als Lehrer berechtigterweise hätte erwarten können. War seiner
vornehmen Natur schon der gewisse zwanglose Ton der letzten Jahre zu-
wider, so empörte ihn mit Recht Interesselosigkeit. Und trug gerade er der
Erscheinung des Werkstudenten Rechnung, indem er beim Praktizieren
keine Deutung, sondern nur Schilderung des Zusehenden verlangte, so miß-
fiel es ihm sehr, wenn Studenten im letzten Semester stehend, sich nicht
einmal Mühe gaben, einen Befund zu erheben. Immer öfter hörte man die
Bemerkung: „Es wird so schlecht praktiziert."

Als Examinator war Heß sehr rücksichtsvoll: Er bestellte die jeweilige
Gruppe von Examinanden stets auf 8 Uhr morgens, ließ eine Viertelstunde
Zeit zur Vorbereitung der Fälle, kam selbst sehr pünktlich zur Prüfung,
fragte rasch, wollte rasche Antwort haben und prüfte in dreimal 20 Minuten
das ganze im Kolleg vorgetragene Pensum mit Ausnahme der Refraktions-
anomalien. Am liebsten war es ihm, wenn Frage und Antwort in Schlag-
worten erfolgen konnten.

Seine Abneigung gegen alle „Schulmeisterei" fast erwachsenen Menschen gegenüber einerseits, das Bestreben, seine Hilfskräfte niemals vor
Patienten oder Schwestern irgendwie bloßzustellen anderseits, führte ihn
dazu, auf so feine Weise eine Korrektur zu erteilen, daß sie oft gar nicht
verstanden wurde. Ein Beispiel möge dies beleuchten: Bei der wöchentlichen
Visite auf Männerstation sieht Heß eine von einem Assistenten vor wenigen
Tagen ausgeführte Szymanowski-Kuhntsche Operation. Im Augenblick, wo
dieser Patient sich vom Stuhl erhebt und der nächste seinen Platz einnimmt,
sagt Heß leise: „Der Schnitt muß steiler gestellt werden." Für gewöhnlich
überließ Heß diese Operation seinen Assistenten; als in den nächsten Tagen
wieder eine Szymanowski-Kuhntsche Operation zu machen war, führte
Heß sie selbst aus. Man wunderte sich darüber; die Feinheit und gütige
Rücksicht der Belehrung wurde, wie so oft, nicht erkannt.

Und wie verstand es Heß, aufgewandte Mühe freundlich zu belohnen!
So wurde einmal bei einem jungen Mädchen mit doppelseitigem Trachom
auf einem Auge eine Behandlung mit Jequirity durchgeführt. Der anfäng-
lich auf Fingersehen in 2 m herabgesetzte Visus stieg auf 0,5. Heß stellte

den Fall im Kolleg vor und betonte, daß die Sehkraft sich um das 20fache gehoben hätte. Wenn Heß hierbei etwas reichlich maß, so geschah es, um dem Arzt, der die Behandlung durchgeführt hatte, eine Freude zu machen. Dieser Zug und ähnliche dieser Art erklären zum Teil die große Beliebtheit, deren sich Heß bei jungen Hilfskräften erfreute.

VI. Heß als Wissenschaftler.

Als Wissenschaftler hat Heß ungeheure Arbeit geleistet. Seine wissenschaftliche Tätigkeit gehörte drei großen Gebieten an:

a) dem Gebiet der Augenheilkunde,
b) dem Gebiet der physiologischen Optik,
c) dem Gebiet von der vergleichenden Lehre des Gesichtssinnes.

Heß besaß eine außergewöhnlich umfassende Kenntnis aller für diese drei Gebiete in Betracht kommenden Hilfswissenschaften, so der Physik, Mathematik, Physiologie, Optik. Da er dieselben ganz überschaute, konnte er, mit einem einzigen kurzen Satz, das für eine jeweilige Untersuchung in Betrachtkommende hervorheben. Diese Art erweckte bei manchen, denen dieser Überblick fehlte, das Empfinden, als liege hier eine Täuschung vor. Mir ging es mehrmals wie einem Schüler von Helmholtz: Nach Wochen erst beleuchtete eine eigene Beobachtung den treu im Gedächtnis bewahrten, von Heß ausgesprochenen Satz, deckte einen Zusammenhang auf, eröffnete einen neuen Ausblick.

Ad a)

Entgegen einer ziemlich weitverbreiteten Meinung unter Fachgenossen sei zuerst die Feststellung gemacht, daß die Arbeiten aus dem Gebiet der Augenheilkunde bei weitem die umfangreichsten und zahlreichsten sind. Außer seinen umfassenden Arbeiten für Graefe-Sämisch großes Handbuch der Augenheilkunde über „Refraktion und Akkommodation des menschlichen Auges" und über die „Pathologie und Therapie des Linsensystems" hat Heß in etwa 50 Einzelarbeiten so ziemlich zu jeder Frage der Ophthalmologie einmal, wenn es das Interesse des Gegenstandes oder eine Änderung in seinen Anschauungen verlangte, auch mehrmals Stellung genommen. So haben wir folgende Arbeiten aus

Prag:
1. Zur Frage des Naphthalinstares.
2. Zur pathologischen Anatomie der Fädchenkeratitis.

Leipzig:

3. Über die angeblichen Beweise für das Vorkommen ungleicher Akkommodation.
4. Einige neue Beobachtungen über den Akkommodationsvorgang.
5. Pathologisch-anatomische Studien über einige seltene angeborene Mißbildungen (Orbitalcyste, Linsencolobom, Schichtstar und Lenticonus) des Auges.
6. Über das Vorkommen partieller Ziliarmuskelkontraktion.
7. Über einige bisher nicht gekannte Ortsveränderungen der menschlichen Linse während der Akkommodation.
8. Über neuere Fortschritte in der operativen Behandlung hochgradiger Kurzsichtigkeit.
9. Über den Einfluß, den der Brechungsindex des Kammerwassers auf die Gesamtrefraktion des Auges hat.
10. Über das Verhalten des intraokularen Druckes bei der Akkommodation und über die Akkommodationsbreite bei Säugetieren.
11. Zur pathologischen Anatomie des angeborenen Totalstares.
12. Über einige seltenere Glaukomfälle und über die Wirkung der Akkommodation beim primären Glaukom.
13. Bemerkungen zur Akkommodationslehre.

Würzburg:

14. Erregung der Netzhaut durch venöse Drucksteigerung.
15. Über einen eigenartigen Erregungsvorgang im Sehorgan.
16. Tuberkulose des Auges.
17. Über Linsenbildchen, die durch Spiegelung am Kerne der normalen Linse entstehen.
18. Zur pathologischen Anatomie des papillo-makularen Faserbündels.
19. Augenkrankheiten. (Chirurgie des praktischen Arztes.)
20. Über elektive Funktionen des Pigmentepithels und der Retina.
21. Übertragungsversuche von Trachom auf Affen.
22. Experimentelle Untersuchungen über Antikörper gegen Netzhautelemente.
23. Wirkung ultravioletten Lichtes auf die Linse.
24. Untersuchungen über die Ausdehnung des pupillo-motorischen Bezirkes der Netzhaut und über die pupillo-motorischen Aufnahmeorgane.
25. Die neue Universitätsaugenklinik in Würzburg.
26. Über vermeidbare Augenleiden und Erblindungen.
27. Untersuchungen über Hemeralopie.
28. Messende Untersuchungen über die Gelbfärbung der menschlichen Linse und über ihren Einfluß auf das Sehen.
29. Über Star- und Nachstaroperation.
30. Über einheitliche Bestimmung und Bezeichnung der Sehschärfe.
31. Beiträge zur Kenntnis akkommodativer Änderungen im Menschenauge.
32. Über individuelle Verschiedenheiten des normalen Ziliarkörpers.
33. Beiträge zur Kenntnis der Nachtblindheit.
34. Bemerkungen zu einigen neueren Aufsätzen über die Pathologie der Linse.
35. Bemerkungen zu dem Aufsatz von Elschnig über Staroperation.

München:

36. Technik der Behandlung einzelner Organe.
37. Über Schädigungen des Auges durch Licht.
38. Über eine bisher nicht bekannte Ursache schwerer eitriger Chorio-retinitis mit Netzhautablösung.
39. Bemerkungen zur Frage nach der Pathogenese des Alterstares.
40. Gesichtssinn.
41. Allgemeine Pathologie des Gesichtssinnes.
42. Über die wichtigsten Augenverletzungen im Krieg und ihre erste Behandlung.
43. Tuberkulose des Auges.
44. Beiträge zur Frage nach der Entstehungsweise des Alterstares.
45. Untersuchungen über die Methoden der klinischen Perimetrie.
46. Farbenperimetrie.
47. Beiträge zur Lehre vom Glaukom.
48. Eine merkwürdige Schädigung der normalen Fovea durch Miotika.
49. Messung der Unterschiedsempfindlichkeit Nachtblinder bei verschiedenen Lichtstärken.
50. Die praktisch wichtigsten tuberkulösen Erkrankungen am Auge.
51. Einiges über Glaukom.
52. Sehfasern und Pupillenfasern.

Diese Aufzählung macht keinen Anspruch auf Vollständigkeit.

Im Jahre 1887 setzte sich, auf Anregung seines Chefs, Professor Sattler, der damals 24jährige C. Heß mit Dor, Panas, Tscherning über ihre Beobachtungen beim Naphthalinstar auseinander. Verfolgen wir, was Heß aus dieser einen von außen erfolgten Anregung machte, so können wir uns einen Begriff von der Heßschen Arbeitsweise bilden. Dieselbe Arbeitsweise finden wir später auf dem Gebiete der physiologischen Optik und dem Gebiet der vergleichenden Lehre des Gesichtssinnes:

Heß bringt eine genaue histologische Studie des Naphthalin- und des Massagestares, in welcher als Nebenbefund — man sieht die Kralle des Löwen — zum erstenmal eine Pigmentwanderung in der Retina — auf mechanischem oder chemischem Weg ausgelöst — beschrieben wird; er zeigt hier ferner, daß beim Naphthalinstar die Veränderungen in der Linse von der Chorioidea aus gesetzt werden und spricht schon hier, in Anbetracht der Identität der ersten Veränderungen beim Alterstar, beim Naphthalinstar und beim Massagestar die Vermutung aus, daß alle Starformen eine und dieselbe Entstehungsweise haben können. Auf die Vermutung, daß alle Starformen eine und dieselbe Entstehungsweise haben können, kommt Heß in drei weiteren Arbeiten in den Jahren 1898, 1913, 1918 zurück. In der Arbeit: „Zur pathologischen Anatomie des angeborenen Totalst ares" (1898) betont Heß vor allem die große Ähnlichkeit des histologischen Befundes für eine Reihe von angeborenen Schicht- und Totalstaren einerseits sowie von Schicht- und Zentralstaren anderseits. Diese Ähnlichkeit begründet anatomisch die Annahme einer genetischen Zusammengehörigkeit dieser drei wichtigsten unter den angeborenen Starformen, bisher auf Grund klinischer Beobachtungen allerdings schon wahrscheinlich gemacht. — In den „Bemerkungen zur Frage nach der Pathogenese des Alterstares" (1913) begründet Heß eingehend seine Anschauung, daß zum Teil verschiedene Ursachen der Erkrankung bei den verschiedenen Altersstarformen vorliegen müssen, daß aber diese Ursachen alle außerhalb der Linse zu suchen sind. Und 1918 in „Beiträge zur Frage nach der Entstehungsweise des Altersstares" weist Heß darauf hin, daß er schon seit einer Reihe von Jahren als Ursachen für die Entstehung angegeben hat, entweder qualitative oder quantitative Änderung der Linsennährflüssigkeit, bedingt durch Fehlen der nötigen Elemente oder nicht genügende Menge der vorhandenen Elemente. Hierauf führt er den Leser durch logische Folgerungen zu seinen eigenen Ansichten. Er schließt mit den Worten: „Für mich muß das Auftreten der Linsentrübungen zu der Frage führen, worin die Abweichungen der starkranken Linse von der Norm bestehen, die den Anlaß zur Trübung bilden. Offenbar gibt es nur zwei Möglichkeiten: Die eine ist, daß die Linse zwar zur Zeit der Geburt und noch kürzere oder längere Zeit nachher in ihrer Zusammensetzung mit jener normaler Linsen identisch war, und daß später Schädlichkeiten einwirkten, in deren Folge die Zusammensetzung der Fasern eine andere wurde, als sie in normalen Linsen ist, was schließlich zur Entstehung der Trübungen führte. Die zweite, neben jener ersten allein noch denkbare Möglichkeit ist, daß die sich später, im Alter, trübende Linse schon in ihrer Anlage, also lange vor der Geburt, eine von der Norm abweichende Zusammensetzung hatte, die zwar nicht verhinderte, daß sie in den ersten 50—60 Jahren des Lebens klar und durchsichtig blieb, aber doch der Anlaß war, daß sie sich in einem früheren Alter trübte, als normale Linsen es zu tun pflegen. Eine dritte Möglichkeit gibt es nicht, und so führt unsere Überlegung notwendig zu dem Schlusse, daß der Altersstar auf Störungen im ganzen Organismus zurückzuführen ist. Die so großen Verschiedenheiten im ersten Auftreten und der weiteren Entwicklung sowie auch im histologischen Verhalten der verschiedenen Altersstarformen führen aber notwendig zu der Annahme, daß hier auch „wenigstens zum Teil" verschiedene Ursachen der Erkrankung vorliegen müssen. Aber unsere Betrachtungen lehren, daß

diese Ursachen unmöglich aus der Linse selbst stammen können, sondern in
letzter Linie außerhalb der Linse zu suchen sind. Damit ist der Weg
gezeigt, auf dem allein eine weitere Förderung der wichtigsten
Fragen der Starlehre möglich scheint." — Im Laufe der dreißig Jahre
1887—1918 brachten außerdem eine Reihe weiterer Heßscher Arbeiten über
die Linse und den Akkommodationsvorgang so viel Fortschritt und Klarheit,
daß Pathologie, Funktionsweise und Therapie des Linsensystems nun zu
den besterforschten Kapiteln der Ophthalmologie gehören: In „Arbeiten
aus dem Gebiet der Akkommodationslehre" bringt Heß durch den
Nachweis des Linsenschlotterns bei der Akkommodation einen
unanfechtbaren Beweis für die Richtigkeit der Auffassung von Hermann
v. Helmholtz über den Akkommodationsvorgang: Er untersucht an iridekto-
mierten und an normalen Augen die Wirkung der Eserinierung, stellt dann
durch weitere objektive Versuche fest, daß die durch Eserinierung erhaltenen
Ergebnisse tatsächlich auf den gewöhnlichen Akkommodationsvorgang
übertragen werden dürfen, gibt zwei Wege an, um am eigenen Auge subjektiv
und entoptisch Linsenschlottern festzustellen, erwähnt die praktische Trag-
weite der mitgeteilten Beobachtungen für eine Anzahl pathologischer Vorgänge, für die Frage über Druckunterschiede zwischen dem Glaskörper und der vorderen Kammer während der Kontraktion
des Ziliarmuskels, für die Definition des Nahepunktes, für unsere Vor-
stellungen über die Akkommodationsleistung des Ziliarmuskels bei Einstellung
auf den Nahepunkt in verschiedenen Lebensaltern. — 1897 bringt Heß den
Nachweis, daß das beim Akkommodieren beobachtete (entoptisch)
Herabsinken der Linse lediglich eine Folge ihrer Schwere ist, die sie,
in dem schlaff gewordenen Zonularaum, nach unten sinken läßt; die jeweilige
Haltung des Kopfes ist bestimmend für die Lage, welche die Linse einnimmt,
und zwar kann die Linse beim Akkommodieren nicht nur seitliche Exkur-
sionen machen, sondern bei vorwärts bzw. rückwärts geneigtem Kopf merklich nach vorne bzw. hinten fallen. Daraus erhellt mit Bestimmtheit, daß
wir beim Akkommodieren auf den Nahepunkt eine merklich größere Muskel-
kontraktion aufbringen als nötig ist, um der Linse die ihrem Alter entspre-
chende maximale Wölbung zu geben.

Hatte Heß in seinen „Arbeiten aus dem Gebiet der Akkommodationslehre" durch den Nachweis des Linsenschlotterns festgestellt, daß in der
Vorderkammer und im Glaskörper, bei Kontraktion des Ziliarmuskels, gleicher Druck herrschen muß, so bringt er in „Über das
Verhalten des intraokularen Druckes bei der Akkommodation

und über die Akkommodationsbreite bei verschiedenen Säugetieren" (1899) den Nachweis, daß auch maximale Ziliarmuskelkontraktion nicht die geringste nachweisbare Änderung des intraokularen Druckes in seiner Gesamtheit bedingt, weder bei Tieren
mit nur rudimentär entwickeltem Akkommodationsvermögen wie Hund,
Katze, Kaninchen, noch bei Tieren mit stark entwickeltem Akkommodationsvermögen wie Affe und Taube. Auch zwei am menschlichen Auge durch die
eigentümliche Wirkung des Eserins auf den homatropinisierten Ziliarmuskel
ermöglichte Beobachtungen sprechen mit einem hohen Grad von Wahr-
scheinlichkeit gegen eine nennenswerte akkommodative Drucksteigerung im Menschenauge: 1. Bei Beobachtung des Augenhintergrundes im aufrechten Bild, während maximaler Ziliarmuskelkontraktion,
tritt nicht die geringste Änderung im Gefäßkaliber oder in der Farbe des
Augenhintergrundes auf; 2. eine leicht pulsierende Vene des Augenhintergrundes pulsierte, auch bei maximaler Ziliarmuskelkontraktion, ebenso ruhig
weiter wie bei Akkommodationsruhe. — In seiner 1905 erschienenen Abhandlung: „Über Linsenbildchen, die durch Spiegelung am Kerne
der normalen Linse entstehen" wendet sich Heß gegen die als fest-
stehend angenommene Tatsache, es nehme im normalen Auge der Brechungsindex der Linse von der Rinde nach dem Zentrum ganz allmählich zu und es erfolge deshalb an der normalen Kernoberfläche keine
sichtbare Lichtreflexion. Heß weist demgegenüber nach, daß im gesunden
Auge, jenseits des 20. bis 25. Jahres, dies nicht zutrifft, daß vielmehr etwa
in der Mitte der zwanziger Jahre in der normalen Linse der Übergang
vom Rinden- zum Kernindex nicht ganz allmählich — wie bisher an-
genommen — sondern mehr sprungweise erfolgt, derart, daß an
der normalen Kernperipherie deutlich sichtbare Spiegelbilder
entstehen. Im Gegensatz zu den Purkinjeschen Bildchen (Rindenbildchen)
nennt sie Heß Kernbildchen. Aus diesen Beobachtungen kommt er zu
folgenden, vom klinischen Standpunkt interessanten Feststellungen:

1. Aus dem Umstand, daß wir mit zunehmendem Alter im allgemeinen
das Kernbildchen immer lichtstärker werden sehen, folgt, daß die Differenz
zwischen dem Index der Kerngrenze und jenem der anliegenden Rinden-
schichten im Alter größer ist als in der Jugend. Die herrschende Anschauung, es werde die Linse im Alter ein mehr homogenes Gebilde mit dem Brechungsindex des Kernes, ist nicht mehr haltbar.

2. Es kann nicht mehr aus dem refraktorisch bestimmten Index von
Rinde und Kern (bei nicht ganz jugendlichen Augen) der Totalindex be-

rechnet werden. Es muß dem raschen Ansteigen des Index an der Kerngrenze Rechnung getragen werden.

3. Für die Erklärung der erworbenen Altershypermetropie kann die
den Tatsachen widersprechende Annahme vom Homogenerwerden der ganzen
Linse nicht mehr in Betracht kommen.

4. Für die Dioptrik geht aus den Heßschen Beobachtungen der Kernbildchen hervor, daß der Strahlengang im Auge noch komplizierter
ist als man bisher anzunehmen pflegte, denn wir haben es von der
Mitte der zwanziger Jahre statt mit 3 mit 5 gesondert wahrnehm-
baren brechenden Flächen zu tun.

Nachdem Heß 1907 in seiner Abhandlung: „Über Blaublindheit
durch Gelbfärbung der Linse" gezeigt hatte, daß die Gelbfärbung der
menschlichen Linse, ohne störende Beeinträchtigung ihrer Durchsichtigkeit,
genügend hohe Grade erreichen kann, um durch Absorption völlige Blaublindheit herbeizuführen, bringt er in „Messende Untersuchungen über
die Gelbfärbung der menschlichen Linse und ihren Einfluß auf
das Sehen" eine Reihe von Untersuchungen über den Einfluß der Linsen-
färbung auf das Sehen unter gewöhnlichen physiologischen Verhältnissen
und in verschiedenen Lebensaltern. Ausgehend von der Tatsache, daß dem
gut dunkeladaptierten Auge eine vorwiegend blaue Strahlen aussendende
Fläche von genügend geringer Lichtstärke farblos grau erscheint, und
zwar ceteris paribus um so heller grau, je weniger von den blauen Strahlen
in der Linse zurückgehalten wird, um so dunkler grau, je stärker gelb gefärbt
die Linse ist, unternimmt Heß die messende Bestimmung der Absorption
der blau wirkenden Strahlen in der Linse, indem die Helligkeit einer farblos
erscheinenden, vorwiegend blaue Strahlen aussendenden Fläche verglichen
wird mit einer dem dunkeladaptierten Auge ebenfalls farblos erscheinenden
Fläche, welche aber nur rötlich-gelbe Strahlen aussendet, die von der Linse
gar nicht oder nur wenig zurückgehalten werden. Die genial erdachten
Versuchsanordnungen, vergleichende Bestimmungen zwischen linsenhaltigen
und linsenlosen Augen, Benutzung eines gelben Prismas mit bekannter spe-
zifischer Absorption zur Umwandlung einer für linsenhaltige Augen her-
gestellten Gleichung in eine solche für ein aphakisches Auge geben ein ziemlich getreues Bild von der wirklichen Gelbfärbung der Linse der untersuchten
Augen. Durch diese Xanthometrie der Linse lassen sich eine Reihe von
Fragen beantworten, die vorher wissenschaftlicher Behandlung nicht zu-
gängig waren: so bestätigte sie in der Frage der Färbung der menschlichen
Linse in der Kontroverse Helmholtz-Hering die Richtigkeit der Hering-

schen Ansicht von der Absorption violetter Strahlen schon in
der Kinderlinse; ferner läßt sich mittels der Xanthometrie feststellen,
welche Färbung z. B. einem blauen Glas zu geben ist, um diese
Störung des Farbensehens bei älteren Künstlern — Malern, Archi-
tekten, Innendekorateuren — auszugleichen.

Das Problem der Akkommodation läßt aber auch weiterhin Heß keine
Ruhe: 1910 bringt er seine Abhandlung: „Akkommodative Änderungen
im Menschenauge"; er macht am überlebenden, äquatorial halbierten
Menschenauge die akkommodativen Änderungen durch elektrische
Reizung sichtbar und läßt den ganzen Akkommodationsvorgang
vor unseren Augen sich abspielen; es gelingt ferner Heß zum erstenmal die Fixierung akkommodativer Gestaltsveränderungen der
menschlichen Linse.

Wer bisher diesen Ausführungen gefolgt ist und nun die Ergebnisse der
besprochenen Arbeiten rückblickend übersieht, dem muß zweierlei auffallen:
1. die stattliche Zahl neuer Beobachtungen und 2. die stattliche
Zahl neuer Deutungen alter Beobachtungen. Und da denken wir
des Wortes Schopenhauers, es sei nicht so sehr das Zeichen des Genies, etwas
Neues zu sehen, als bei dem, was andere schon sahen, etwas Neues zu denken.

In dem diesem Kapitel voranstehenden Verzeichnis Heßscher Arbeiten
aus dem Gebiet der Augenheilkunde sind noch eine Reihe von Abhandlungen über den Akkommodationsvorgang angeführt. Die bisher besprochenen
Arbeiten dürften aber schon einen Einblick in die Heßsche Arbeitsweise
gegeben haben. Eine größere Anzahl Arbeiten ist der Refraktion gewidmet
und in kurzen teils ein-, teils mehrmaligen Veröffentlichungen nimmt Heß
Stellung zu folgenden Fragen: Tuberkulose des Auges, eitrige Chorioretinitis,
Glaukom, operative Behandlung hochgradiger Myopie, Hemeralopie, einheitliche, internationale Bestimmung der Sehschärfe usw.

Ad b).

Wenden wir uns nun zu den Arbeiten aus dem Gebiet der physiologischen Optik, so fallen als deren Haupteigenschaften auf die Meisterung
des Stoffes, bedingt durch die Kenntnis der Hilfswissenschaften und eine
ungewöhnlich scharfe Beobachtungsgabe. An Zahl stehen sie weit hinter
jenen aus dem Gebiet der Augenheilkunde zurück. Aber für sie gilt, was
Heß in seinem Nachruf auf E. Hering geschrieben hat: „Wer das Gebiet der
experimentellen Farbenlehre aus eigener Erfahrung kennt und weiß, wie
zeitraubend und anstrengend solche Untersuchungen sind, und wer insbe-

sondere weiß, mit welcher Gründlichkeit und Sorgfalt Hering seine Versuche immer wieder mit immer neuen Abänderungen wiederholte, wovon freilich seine oft nur kurz zusammenfassenden Aufsätze nichts erkennen lassen, der müßte schon in dem allein, was Hering auf diesem Gebiet geschaffen hat, eine Leistung von erstaunlichem Umfang bewundern; und doch war es nur ein Teil, was er in jenen fruchtbaren Jahren zur Reife brachte." Ebenso entstanden bei Heß gleichzeitig Arbeiten aus dem Gebiet der Augenheilkunde, aus dem Gebiet der vergleichenden Physiologie des Gesichtssinnes, war Heß als Operateur, Arzt, Klinikleiter tätig.

Auf der XX. Versammlung der Ophthalmologischen Gesellschaft hielt Heß, damals bei Sattler und Hering in Prag, seinen ersten Vortrag aus dem Gebiet der physiologischen Optik: „Die Farben im indirekten Sehen." Auf diesem Gebiet folgten:

1890 Über die Tonänderungen spektraler Farben durch Ermüdung der Netzhaut mit homogenem Licht.
1891 Untersuchungen über die nach kurzdauernder Reizung des Sehorgans auftretenden Nachbilder.
1902 Weitere Untersuchungen über totale Farbenblindheit.
1903 Untersuchungen über das Abklingen der Erregung im Sehorgan nach kurzdauernder Reizung.
1904 Untersuchungen über den Erregungsvorgang bei kurz- und länger dauernder Reizung.
1905 Zur Lehre vom Erregungsvorgang im Sehorgan.
       Über Blaublindheit durch Gelbfärbung der Linse.
1907 Bemerkungen zur Lehre von den Nachbildern und der totalen Farbenblindheit.
1908 Untersuchungen zur Physiologie und Pathologie des Pupillenspieles.
1915 Messende Untersuchungen zur vergleichenden Physiologie des Pupillenspieles.
1916 Das Differential-Pupilloskop.
1919 Über Farbenperimetrie.
1920 Untersuchungen zur Lehre der Wechselwirkung der Sehfeldstellen.
1920 Einfache Apparate zur Untersuchung des Farbensinnes und seiner Störungen.
1920 Die Rotgrünblindheiten.
1920 Zur Lösung des Problems der Rotgrünblindheiten.
1920 Die Farbensinnprüfung des Bahn- und Schiffspersonals und die Notwendigkeit seiner Neugestaltung.
1921 Die angeborenen Farbensinnstörungen und das Farbengesichtsfeld.
1921 Die relative Rotsichtigkeit und Grünsichtigkeit.
1921 Neue Untersuchungen über den Farbensinn und seine Störungen.
1921 Methoden zur Untersuchung von Licht- u. Farbensinn sowie des Pupillenspieles.
1922 Farbenlehre.
1922 Das Farbensehen der Anomalen.
1922 Zwischenstufen zwischen partieller und totaler Farbenblindheit.

Auf dem Gebiet der physiologischen Optik ist es Heß gelungen, allerdings nur unter ungeheuren Anforderungen an seine Arbeitsfähigkeit, die Resultate seiner über Jahrzehnte sich erstreckenden Untersuchungen in den letzten Jahren vor seinem Tode, in zusammenfassende Form zu bringen, besonders in seinen „Methoden zur Untersuchung des Licht- und Farbensinnes sowie des Pupillenspieles" und in seiner „Farbenlehre". Den Fachgenossen und Naturforschern machte Heß in kurzen Umrissen von diesen Resultaten Mitteilung auf dem Ophthalmologenkongreß 1920 in Heidelberg und auf der Jahrhundertfeier der Versammlung deutscher Naturforscher und Ärzte 1922 in Leipzig. Mit dem Inhalt dieser beiden Vorträge hat sich Heß, wenn seine Resultate sich bestätigen, unter die ganz Großen auf dem Gebiet der physiologischen Optik eingereiht. Geschaffen hat er ein System der angeborenen Farbensinnstörungen mit Zwischenstufen zwischen partieller und totaler Farbenblindheit. Bei der großen Bedeutung, welche dieses System der angeborenen Farbensinnstörungen in der Zukunft für die Biologie und die Vererbungslehre gewinnen dürfte, erscheint es geboten, uns einen genauen Überblick über dasselbe zu verschaffen.

Heß unterscheidet:

1. Totalfarbenblinde,
2. Rotblinde }
3. Grünblinde } beide rotgrünblind,
4. Relativ Grünsichtige,
5. Relativ Rotsichtige.

Zwischen 1 und 2 stehen Zwischenstufen zwischen totaler Farbenblindheit und der am meisten vorkommenden Form der Rotblindheit.

Es folge nun eine kurze Skizzierung der Ähnlichkeiten und Verschiedenheiten der einzelnen Gruppen des Systems der angeborenen Farbensinnstörungen.

I. Der Totalfarbenblinde hat im Verhältnis zum Normalen:

1. Eine Helligkeitsverteilung im Spektrum, welche bei allen Lichtstärken und Adaptationszuständen die gleiche ist, wie für das bei herabgesetzter Lichtstärke farblos sehende dunkeladaptierte Auge des Normalen.

2. Eine charakteristische Verschiebung des Helligkeitsmaximums im Spektrum nach der Gegend des Gelbgrün bis Grün.

3. Steileren Abfall der Helligkeitskurve nach dem langwelligen Ende als nach dem kurzwelligen Ende.
4. Verkürzung des Spektrums im Rot.
5. Geringen Reizwert roter und gelber Strahlen.
6. Großen Reizwert blauer und grüner Strahlen.

II. Die von Heß untersuchten Rotblinden zeigten im Verhältnis zum Normalen:

1.
2. Eine charakteristische Verschiebung des Helligkeitsmaximums im Spektrum nach der Gegend des Grün, abhängig von der Größe der Blaugelbunterwertigkeit des Untersuchten.
3. Einen steileren Abfall der Helligkeitskurve nach dem langwelligen Ende als nach dem kurzwelligen Ende.
4. Verkürzung des Spektrums im Rot abhängig von der Blaugelbunterwertigkeit des Untersuchten.
5. Viel kleinere motorische Werte für Rot am Pupilloskop (8 : 1,5).
6. Große motorische Werte für Blau am Pupilloskop (6 : 2) abhängig von der Blaugelbunterwertigkeit des Untersuchten.
7. Eine Einschränkung des Farbengesichtsfeldes für Gelb und Blau.
8. Weniger kräftige Blaugelbempfindung auf den mittleren Netzhautpartien.
9. Eine Erhöhung der spezifischen Schwelle für Gelb und Blau.
10. Merklich geringere Breite der Wechselverengerung am Pupilloskop für Gelb und Blau.

NB. 2, 3, 4, 5, 6 nähern sich dem Befund beim Totalfarbenblinden.

III. Die von Heß untersuchten Grünblinden zeigten gegenüber dem Normalen:

1.
2. Eine charakteristische Verschiebung des Helligkeitsmaximums im Spektrum nach der Gegend des Grün.
3. Keinen steileren Abfall der Helligkeitskurve nach dem langwelligen Ende als nach dem kurzwelligen Ende.
4. Keine Verkürzung des Spektrums im Rot.
5. Gleiche oder ähnliche motorische Werte für Rot am Pupilloskop.
6. Gleiche oder ähnliche motorische Werte für Blau am Pupilloskop.

7. Keine Einschränkung des Farbengesichtsfeldes für Gelb und Blau, sondern normales oder über die Norm ausgedehntes Farbengesichtsfeld für Gelb und Blau.

8. Kräftige (normale oder überwertige) Blaugelbempfindung auf den mittleren Netzhautpartien.

9. Normale spezifische Schwelle oder Schwellenerniedrigung für Gelb und Blau.

10. Wesentlich geringere Breite der Wechselverengerung am Pupilloskop für Rot und Grün, nahezu normale Wechselverengerung für Gelb und Blau.

NB. 2 nähert sich dem Befund beim Totalfarbenblinden.

3, 4, 5, 6 nähern sich dem Befund beim Normalen.

Es unterscheiden sich also von den als Rotgrünblinde zusammengefaßten Personen die Rotblinden von den Grünblinden:

1. Durch die Art des Abfalles der Helligkeitskurve am langwelligen Ende.

2. Durch eine vorhandene oder nicht vorhandene Verkürzung des Spektrums im Rot.

3. Durch die Größe der motorischen Reizwerte von Rot und Blau am Pupilloskop.

4. Durch die Ausdehnung des Farbengesichtsfeldes für Gelb und Blau.

5. Durch die Kraft der Blaugelbempfindung auf den mittleren Netzhautpartien.

6. Durch die Höhe der spezifischen Schwelle für Gelb und Blau.

7. Durch die Breite der Wechselverengerung am Pupilloskop.

IV. Die von Heß untersuchten Relativ-Grünsichtigen zeigten gegenüber dem Normalen:

1.

2. Eine charakteristische Verschiebung des Helligkeitsmaximums im Spektrum nach dem Grün.

3. Steileren Abfall der Helligkeitskurve nach dem langwelligen Ende als nach dem kurzwelligen Ende.

4. Verkürzung des Spektrums im Rot.

5. Kleinere motorische Werte für Rot am Pupilloskop.

6. Größere motorische Werte für Blau am Pupilloskop.

7. Eine Einschränkung des Farbengesichtsfeldes für Gelb und Blau.

8. Bei höheren Graden von Grünsichtigkeit Blaugelbunterwertigkeit; bei geringeren Graden von Grünsichtigkeit Blaugelbnormalwertigkeit,

  9. Erhöhung der spezifischen Schwelle für Rot.

10.

11. Rotgrünungleichheit oft mit charakteristischer Verschiedenheit der relativen Gesichtsfeldgrenzen für Rot und für Grün.

12. Erforderung von mehr Rot zur Herstellung einer Gleichung.

13. Nahezu normale, übernormale, auch unternormale Grünwertigkeit.

14. Farbige Strahlungen haben ähnliche oder gleiche motorische bzw. Helligkeitswerte bei Herabsetzung der Lichtstärke um einen bestimmten Betrag und entsprechender Dunkeladaptation.

15. Bei Nachbildversuchen verblassen alle untersuchten Farben früher.

    NB. 2, 3, 4, 5, 6 nähern sich dem Befund beim Totalfarbenblinden.
       7, 8 nähern sich dem Befund beim Rotblinden.

    V. Die von Heß untersuchten Relativ-Rotsichtigen zeigten gegenüber dem Normalen:

  1.

  2.

  3. Keinen steileren Abfall der Helligkeitskurve nach dem langwelligen Ende als nach dem kurzwelligen Ende.

  4. Keine Verkürzung des Spektrums im Rot.

  5. Gleiche oder ähnliche motorische Werte für Rot am Pupilloskop.

  6.

  7. Keine Einschränkung des Farbengesichtsfeldes für Gelb und Blau.

  8.

  9. Erhöhung der spezifischen Schwelle für Grün.

10. Auffallend kleine Breite der Wechselverengerung.

11. Rotgrünungleichheit, bei höheren Graden mit Verschiebung der Gesichtsfeldgrenzen für Rot und Grün.

12. Erforderung von mehr Grün zur Herstellung einer Gleichung.

13. Übernormale Rotwertigkeit.

14.

15. Bei Nachbildversuchen verblassen alle untersuchten Farben früher.

    NB. 3, 4, 5, 7 nähern sich dem Befund beim Normalen.
       7 nähert sich dem Befund beim Grünblinden.

    Es unterscheiden sich also die Relativ-Grünsichtigen von den Relativ-Rotsichtigen:

Farbenwahrnehmungsvermögen je eines typischen Vertreters jeder Gruppe von angeborener Farbensinnstörung.

Nach einer Tafel von Heß

Total Farbenblinder	Rotblinder	Grünblinder

Relativ Grünsichtiger	Relativ Rotsichtiger	Normaler

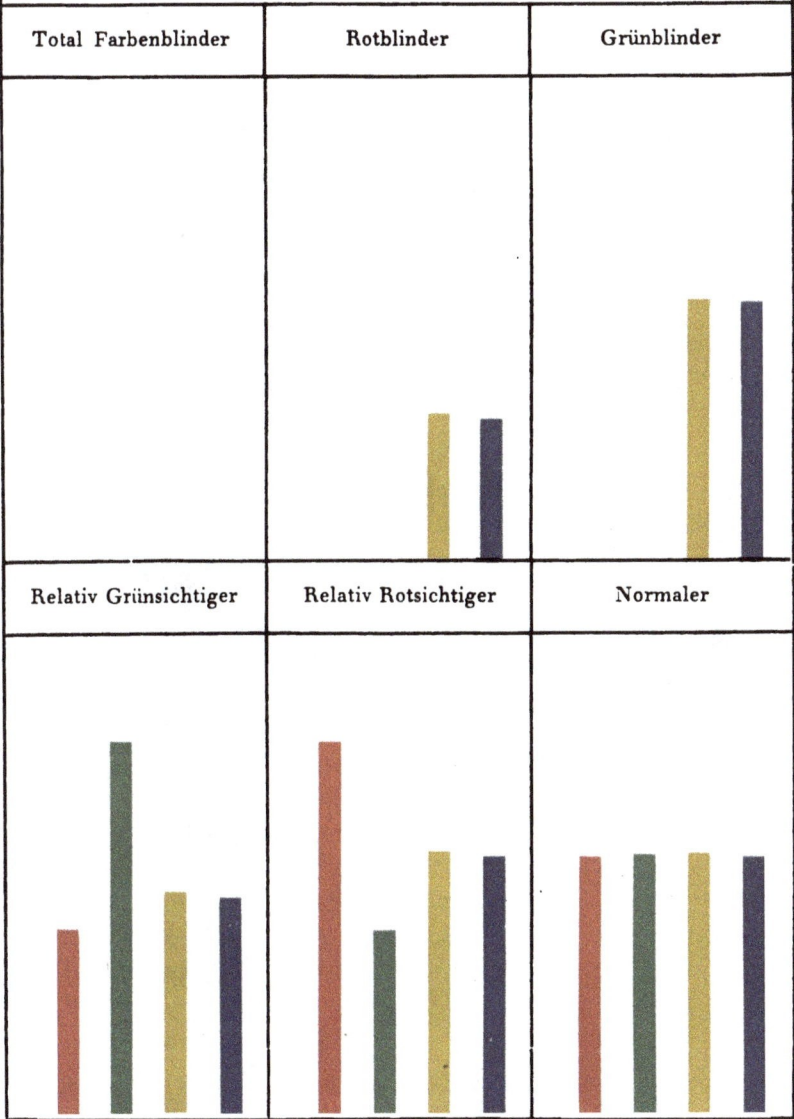

1. Durch die Art des Abfalles der Helligkeitskurve nach dem langwelligen Ende.
2. Durch eine vorhandene oder nicht vorhandene Verkürzung des Spektrums im Rot.
3. Durch die motorischen Reizwerte von Rot am Pupilloskop.
4. Durch die Ausdehnung des Farbengesichtsfeldes für Gelb und Blau.
5. Durch die Erhöhung der spezifischen Schwelle für Rot oder für Grün.
6. Durch die Kraft der Blaugelbempfindung auf den mittleren Netzhautpartien.

Die beigegebene Farbentafel zeigt, wieviel Farbenwahrnehmungsvermögen je ein typischer Vertreter jeder Gruppe (vom Totalfarbenblinden bis zum Normalen) besitzt. Sie ist eine gekürzte Wiedergabe der von Heß gelegentlich seines Vortrages auf der Jahrhundertfeier deutscher Naturforscher und Ärzte in Leipzig (1922) gebrachten Tafel.

In Kürze seien nun eine Anzahl der Methoden angeführt, deren sich Heß bei Untersuchung des Farbensinnes beim Menschen bediente:

1. Untersuchungen mittels des Heringschen Apparates.
2. Untersuchungen mittels des Heringschen Fensters.
3. Untersuchungen am Spektrum mit Gleichungen mittels kontinuierlich variabler Lichter.
4. Untersuchungen mittels Gleichungen am Kreisel.
5. Untersuchungen mittels Gleichungen zwischen zwei verschiedenen farbigen Lichtern.
6. Untersuchungen des Farbengesichtsfeldes mittels unveränderlichen, stark mit Weiß verhüllten Farben.
7. Untersuchungen mittels des veränderlichen Farbfleckes.
8. Messende Untersuchung mittels des Tunnels.
9. Untersuchung mittels des Nebenkontrastes.
10. Untersuchung der Höhe der spezifischen Schwelle.
11. Vervollkommnete Rayleigh-Untersuchung.
12. Untersuchung mittels der Nachbildmethode.
13. Untersuchung am Differentialpupilloskop.
14. Untersuchung der Breite der Wechselverengerung.
15. Untersuchung mittels der Methode der Weißzuspiegelung.

Man sieht, Heß hat eine ganze Reihe feinsinniger Methoden erst erdacht zur Untersuchung des Farbensinnes: sie ermöglichten ihm den

Aufbau seines Systems der angeborenen Farbensinnstörungen. Am völligen Ausbau des Systems hat dei Krieg und der Tod Heß gehindert.

Zu seinem System der angeborenen Farbensinnstörungen erwartete Heß in etwa 10 Jahren eine Stellungnahme von physiologischer oder ophthalmologischer Seite. Es schien ihm unmöglich, daß dem Einzelforscher in kürzerer Zeit das Material zur Untersuchung zur Verfügung stehen würde, um gerechtfertigterweise Stellung nehmen zu können zu seinem System der angeborenen Farbensinnstörungen. Die Stellungnahme ist, soweit sie das System der angeborenen Farbensinnstörungen anbelangt, nur auf theoretische Erwägungen sich gründend und in unerhört schroffer Weise erfolgt. Die gleiche Nummer der Klinischen Monatsblätter für Augenheilkunde (Mai-Juniheft 1923), welche die Todesanzeige von Geheimrat v. Heß brachte, brachte auch diese in jeder Hinsicht und unter allen Umständen verfrühte Stellungnahme. Der bei ihrem Verfasser festgestellte Fehler verfrühter Stellungnahme soll vermieden werden. Eine einigermaßen erschöpfende Antwort auf den Angriff erfordert lange Vorbereitung. Nur drei Punkte sollen näher beleuchtet werden..

Punkt 1. S. 620 sagt der Verfasser: „Heß sagt hierüber mit der ihm eigenen apodiktischen Sicherheit: ‚Die Unzulänglichkeit dieser letzteren Verfahren sei in Fachkreisen wohl allgemein anerkannt.' Heß meint die Stillingschen Tafeln und die Nagelsche Methode. Er stützt sich hierbei besonders auf den bekannten und vielbesprochenen Fall des Lokomotivführers Schn., der wiederholte Untersuchungen seines Farbensinnes nach den eingeführten Methoden unbeanstandet durchgemacht hatte, dann ein schweres Eisenbahnunglück herbeiführte, bei welchem 42 Personen ums Leben kamen, und danach bei einer nochmaligen Prüfung seines Farbensinnes, die Heß nach seiner Methode vornahm, als typischer Dichromat erkannt wurde. Die Beweiskraft dieses Falles ist nun schon dadurch stark erschüttert, daß, worauf namentlich von Vierling hingewiesen worden ist, die bona fides des Untersuchten keineswegs außer Zweifel steht. Ob die früheren Untersuchungen, die Schn. als farbentüchtig erscheinen ließen, vorschriftsmäßig und sorgfältig ausgeführt wurden, ist mindestens fraglich." — Hierzu Stellung zu nehmen, bin ich in der Lage und kann folgendes sagen:

1. Heß untersuchte Schn. nicht nach einer Methode, sondern nach mehreren Methoden.

2. Die bona fides der Untersuchten spielt keine Rolle; sie kommt, eben weil Heß nicht nach einer Methode, sondern nach mehreren Methoden untersuchte, nicht in Betracht. Es ist ausgeschlossen, daß ein Laie bei den von Heß angewandten verschiedenen Methoden zur Prüfung des Farbensinnes wissen kann, was für seine Art der Störung des Farbensinnes das jeweils Ausschlaggebende ist und dementsprechend handeln kann.

3. Schn. war seit 25 Jahren im Lokomotivfahrdienst tätig und sehr gut qualifiziert. Schn. wurde vor dem Unglück fünfmal untersucht. Die Untersuchungen wurden alle mit den Stillingschen Tafeln, der Nagelschen Methode und der Holmgrenschen Wollprobe angestellt. Führen 5 Untersuchungen nicht zur Aufdeckung der Farbensinnstörung, so können doch nicht nur die untersuchenden Bahnärzte schuld sein, sondern z. T. wenigstens auch die Methoden.

4. Heß untersuchte auch den Bruder des Schn. Dieser ist Architekt und Innendekorateur. Er hatte eine ähnliche Farbensinnstörung wie Schn. (Dieser Bruder hatte Heß angegeben, daß er bei Innendekorationen stets seine Frau mitnehme, weil er sich in der Bezeichnung der Farben schwer tue.)

Diese 4 Punkte hat Heß (mit Ausnahme des letzten Satzes) veröffentlicht in „Die Farbensinnprüfung des Bahn- und Schiffspersonals und die Notwendigkeit ihrer Umgestaltung." Medizinische Klinik 1920, Nr. 50. Der Verfasser konnte also, ehe er oben zitierte Zeilen schrieb, diese Tatsachen in Erwägung ziehen.

Punkt 2. S. 629 sagt der Verfasser: „Und die Art schon, in der Heß eine Reihe von Tatsachen mit Stillschweigen übergeht, geht m. E. über das in dieser Hinsicht Erlaubte hinaus."

Hierauf ist zu erwidern: In seinen Nachträgen zum Handbuch der physiologischen Optik von H. v. Helmholtz, 3. Aufl., 2. Band, erschienen 1911, erwähnt der Verfasser dieses scharfen Angriffes den Namen Heß stets, wenn er die Heßsche Ansicht **nicht** teilt und zu widerlegen sucht, unterläßt aber vielfach die Angabe des Namens von Heß, wenn er eine Tatsache erwähnt, von Heß gefunden, die er selbst anerkennen muß. Ich verweise z. B. auf Seite 369 und Seite 371.

Punkt 3. S. 625 wendet sich der Verfasser zu jener Kampffrage, welche Heß am lebhaftesten bewegt hat: zu der Frage der totalen Farben- blindheit der von Heß auf das Verhalten des Pupillenspieles und gewisser anderer objektiv beobachtbarer Reaktionen in ihrer Abhängigkeit von der einwirkenden Lichtart untersuchten Wirbellosen und Fische.

Heß hatte in den Süddeutschen Monatsheften — „Fortschritte der Lebensforschung" — April 1921 geschrieben:

„Die Prüfung von etwa 100 verschiedenen Tierarten ergab übereinstim- mend, daß sämtliche bisher untersuchten Wirbellosen und Fische gegenüber den farbigen Lichtern des Spektrums das für totale Farbenblindheit charak- teristische und ein von jenem des Farbentüchtigen durchaus verschiedenes Verhalten zeigen. Die übliche Annahme eines Farbensinnes bei Fischen und bei Wirbellosen ist damit endgültig abgetan."

Der Verfasser sagt hierzu:

„Man kann das doch wohl nur als eine logische Entgleisung seltsamster Art bezeichnen. Den unbefangenen Leser wird dieser Schluß ähnlich an- muten, wie wenn jemand sagen wollte, ein Volksstamm stimme hinsichtlich Schädelform und Körpergröße mit den Semiten, nicht aber mit den Ariern überein; folglich müsse er auch in irgendeiner beliebigen anderen Hinsicht die den Semiten, nicht aber die den Ariern eigenen Merkmale zeigen. In der Tat wäre der von Heß gezogene Schluß doch nur dann ge- rechtfertigt, wenn auf irgendeine Weise festgestellt wäre, daß zwischen Farbensinn und Verteilung der pupillo-motorischen Werte ein völlig fester Zusammenhang stattfindet. Nichts be- rechtigt zu dieser Annahme. Ja, ganz bekannte Tatsachen lehren, daß das keineswegs der Fall ist. Sind doch die Verhältnisse des Pupillenspieles beim Deuteranopen (Grünblinden) ganz dieselben wie beim Farbentüchtigen. . ."

Der Verfasser äußert ferner einige Seiten später die Meinung, die litte- rarische Aussprache habe den Leser durch objektive Würdigung der Tat- bestände zu belehren, habe eine Verständigung und Klärung anzustreben und so im allgemeinen Sinn dem Fortschritt der Wissenschaft zu dienen.

Leider unterläßt es nun der Verfasser, den unbefangenen Leser durch objektive Würdigung der Tatbestände zu belehren und ihm so eine Stellungnahme zu ermöglichen in der Frage über den von ihm geforderten Nachweis eines Zusammenhanges zwischen Farbensinn und Verteilung der pupillo-motorischen Werte, indem er folgende Tatbestände **nicht** anführt:

1. Heß teilt zu Beginn des „Farbenpupilloskopie" (Farbenlehre S. 34) überschriebenen Kapitels mit:
Sachs zeigte 1892 in seiner Arbeit: „Über den Einfluß farbiger Lichter auf die Weite der Pupille", daß für den Menschen der motorische Wert einer farbigen Strahlung durch deren Helligkeitswert bestimmt wird.
Abelsdorf bestätigte 1900 in seiner Arbeit: „Die Änderungen der Pupillenweite durch verschiedenfarbige Belichtung" durch eingehende Messungen die Sachsschen Befunde auch für spektrale Strahlungen.

2. Heß schildert seine Art der Messungen mit dem Differential-Pupilloskop, mittels welcher er die interessante Frage nach dem Verhalten des Pupillenspieles bei den verschiedenen Formen der angeborenen Farbensinnstörungen systematisch in Angriff nahm.

3. Heß hat in seinen „Methoden zur Untersuchung des Licht- und Farbensinnes sowie des Pupillenspieles (Handbuch der biologischen Arbeitsmethoden S. 360 u. 361) angegeben: „... Aus dem Gesagten ergibt sich, daß zur objektiven Feststellung einer relativen Grünsichtigkeit, Rotblindheit und totalen Farbenblindheit schon die einfache pupilloskopische Bestimmung der motorischen Rotwerte allein fast immer genügen wird...." ferner
„Weniger übersichtlich liegen die Verhältnisse bei den relativ Rotsichtigen und bei den Grünblinden. Während ich bei den Rotblinden, die stets eine merkliche Herabsetzung der Blaugelbempfindung zeigen, ziemlich leicht ein Rot und Grün zusammenstellen konnte, bei deren abwechselnder Wirkung am Pupilloskop die Pupille fast ganz in Ruhe blieb, konnte ich bei Grünblinden, welche eine sehr große Empfindlichkeit für Blau und Gelb haben, solches mit den mir bisher zur Verfügung stehenden farbigen Gläsern und Keilen noch nicht in befriedigender Weise erreichen. Versuche in dieser Richtung sind im Gang. Zur Überwindung dieser Schwierigkeit zog ich u. a. auch die Bestimmung der Breite der Wechselverengerung heran.... In der Tat konnte ich bei einer Reihe von Grünblinden (Deuteranopen) nachweisen, daß zwar die Breite der Wechselverengerung für Gelb und Blau bei ihnen mit jener im normalen Auge ganz oder nahezu übereinstimmt, dagegen jene für Rot und Grün wesentlich kleiner war als bei uns. Damit ist also

die Möglichkeit einer objektiven pupillo-motorischen
Feststellung auch der Grünblindheit erwiesen; doch
bedarf die Methode noch der Vervollkommnung."...

4. Heß sagt weiter: „Am wenigsten befriedigend waren bisher (1921)
meine Versuche zur pupillo-motorischen Feststellung relativer
Rotsichtigkeit..... Hier wie auch bei der pupilloskopischen
Untersuchung der Grünblindheit erhoffe ich weitere Auf-
klärung von der Pupilloskopie mit spektralen Lichtern."

Das Heßsche System der angeborenen Farbensinnstörungen sieht, wie
früher erwähnt, 5 Haupttypen vor:

1. total Farbenblinde,
2. Rotblinde ⎫
            ⎬ beide rotgrünblind,
3. Grünblinde ⎭
4. relativ Grünsichtige,
5. relativ Rotsichtige.

Für Typ 1, 2, 4, sowie für den Farbentüchtigen, ist ein Zusammenhang zwischen Farbensinn und Verteilung der pupillo-
motorischen Werte erwiesen; für Typ 3 ist die Möglichkeit der objektiven pupillo-motorischen Feststellung bereits erwiesen und gezeigt
(abweichende Breite der Wechselverengerung von jener beim Farbentüchtigen), daß die Verhältnisse des Pupillenspieles beim Grünblinden (Deuteranopen) nicht ganz dieselben sind wie beim Normalen; für den weiteren
Ausbau der Untersuchungen von Typ 3 und 5 ist überdies eine neue
Methode erdacht: Untersuchung mittels des Spektral-Pupilloskops.

Bei diesem Stand der Dinge läßt sich ein Zusammenhang zwischen
Farbensinn und Verteilung der pupillo-motorischen Werte kaum in Abrede
stellen; die Bemerkung des Verfassers: „Man kann das doch wohl nur
als eine logische Entgleisung seltsamster Art bezeichnen" wird durch eine
objektive Würdigung der Tatbestände nicht gerechtfertigt.

Man kann der Meinung sein, Polemik gehöre nicht in einen Nachruf.
Da in derselben Nummer der klinischen Monatsblätter für Augenheilkunde,
welche die Todesanzeige von Geheimrat v. Heß brachte, durch ein unglück-
liches, zeitliches Zusammentreffen ein so scharfer Angriff Platz fand, schien
es berechtigt, in einem Nachruf dazu wenigstens in einigen Punkten Stellung
zu nehmen. Dies war dem Leserkreise der Klinischen Monatsblätter für
Augenheilkunde gegenüber geboten im Hinblick auf die einflußreiche Stelle,
von welcher der Angriff ausging.

Die Schaffung des Systems der angeborenen Farbensinnstörungen bleibt eine der großen Ideen, welche Heß verfolgte. Dieses System kann — soviel ich sehe — für scheinbar weitab liegende Fragen der Biologie und Vererbungslehre von großer Bedeutung werden. Auch scheint die Möglichkeit nicht ausgeschlossen, daß auf einem zweiten Weg der Nachweis seiner Richtigkeit erbracht werden kann. Dieser Nachweis dürfte vielleicht auch einigen Fortschritt bringen in der Frage der Vererbung der Farbensinnstörungen, einer Frage, welcher Heß lebhaftes Interesse entgegenbrachte.

Ad e).

Wenden wir uns zu den Heßschen Arbeiten der Vergleichenden Physiologie des Gesichtssinnes, so betreten wir ein Gebiet, auf dem Heß vor allem Schöpfer war. Er hat die Untersuchungen von Licht- und Farbensinn in der Tierreihe auf wissenschaftliche Basis gestellt, hat für diese Untersuchungen eine ganze Reihe neuer Methoden erfunden, hat aus der tausendfach gemachten Einzelbeobachtung die große Idee, d. h. die Tatsache der totalen Farbenblindheit der von ihm untersuchten Wirbellosen und Fische, die Umgestaltung von Licht- und Farbensinn beim Übergang vom Wasser zum Landleben entwickelt. Es seien diese, ihrem Verfasser so besonders lieben Arbeiten, welche infolge der Neuheit ihrer Ideen so lebhafte Kontroverse erregten, aufgezählt:

Würzburger Zeit:

Über das Verhalten des intraokularen Druckes bei der Akkommodation und über die Akkommodationsbreite bei verschiedenen Säugetieren.

1907 Über Dunkeladaptation und Sehpurpur bei Hühnern und Tauben.

1907 Untersuchungen über Licht- und Farbensinn der Tagvögel.

1907 Zur vergleichenden Physiologie und Morphologie des Akkommodationsvorganges.

1909 Vergleichende Untersuchungen über den Einfluß der Akkommodation auf den Augendruck in der Wirbeltierreihe.

1909 Untersuchungen über den Lichtsinn bei wirbellosen Tieren.

1909 Untersuchungen über den Lichtsinn bei Fischen.

1909 Die Akkommodation bei Cephalopoden.

1909 Demonstrationen zur vergleichenden Physiologie des Sehorgans.

1910 Neue Untersuchungen über den Lichtsinn bei wirbellosen Tieren.

1910 Neue Untersuchungen über den Lichtsinn bei Reptilien und Amphibien.

1911 Beiträge zur Kenntnis des Tapetum lucidum im Säugerauge.

Münchener Zeit:

1912 Vergleichende Physiologie des Gesichtssinnes.

1912 Untersuchungen zur vergleichenden Physiologie u. Morphologie des Ziliarringes.
1912 Über Licht- und Farbensinn in der Tierreihe. (Kürzung.)
1913 Neue Untersuchungen zur vergleichenden Physiologie des Gesichtssinnes.
1913 Untersuchungen zur Physiologie des Gesichtssinnes der Fische.
1913 Experimentelle Untersuchungen über den angeblichen Farbensinn bei
      Bienen.
1913 Die Entwicklung von Licht- und Farbensinn in der Tierreihe.
1914 Neue Untersuchungen über die Sehqualitäten der Bienen.
1914 Neue Untersuchungen über den Lichtsinn bei Fischen und Wirbellosen.
1914 Untersuchungen über den Lichtsinn mariner Würmer und Krebse.
1914 Untersuchungen über den Lichtsinn bei Echinodermen.
1914 Das Elisabeth-Linée-Phänomen und seine Deutungen.
1914 Neue Versuche über Lichtreaktionen bei Tieren und Pflanzen.
1914 Eine neue Methode zur Untersuchung des Lichtsinnes bei Krebsen.
1914 Die Akkommodation bei Pterotrachea.
1916 Messende Untersuchungen des Lichtsinnes der Biene.
1916 Messende Untersuchungen des Lichtsinnes bei Stachelhäutern.
1916 Messende Untersuchungen über die Beziehungen zwischen dem Heliotropis-
      mus der Pflanzen und den Lichtreaktionen der Tiere.
1917 Über die Bedeutung bunter Farben bei Pflanzen und Tieren.
1917 Der Farbensinn der Vögel und die Lehre von den Schmuckfarben.
1918 Beiträge zur Frage nach dem Farbensinn bei Bienen.
1918 Die Akkommodation der Alciopiden nebst Beiträgen zur Morphologie des
      Alciopidenauges.
1919 Der Lichtsinn der Krebse.
1919 Über Lichtreaktionen bei Raupen und die Lehre von den tierischen Tropismen.
1920 Untersuchungen zur Physiologie der Stirnaugen bei Insekten.
1920 Beiträge zur Kenntnis des Lichtsinnes bei Wirbellosen.
1920 Die Bedeutung des Ultraviolett für die Lichtreaktionen bei Gliederfüßern.
1920 Die Grenzen der Sichtbarkeit des Spektrums in der Tierreihe.
1920 Neues zur Frage nach dem Farbensinn bei Bienen.
1921 Mikroskopische Beobachtung der phototropen Pigmentwanderung am
      lebenden Libellenocell.
1921 Die Farbenempfindlichkeit der Tiere.
1922 Die Sehqualitäten der Insekten und Krebse.
1922 Methoden zur Untersuchung von Licht- und Farbensinn sowie des Pupillen-
      spieles.

Das Werk: „Vergleichende Physiologie des Gesichtssinnes"
(Jena 1912) ist weit davon entfernt, nur eine Zusammenstellung des vor
Heß auf diesem Gebiet Geleisteten zu sein. Die eigenen Untersuchungen
von Heß und seine Ausführungen über Dioptrik usw. füllen mehr als $^2/_3$ des
Werkes. Auch einige der angeführten Sonderdrucke sind sehr umfangreich
und hatten jahrelange immer wieder mit neuen Anordnungen wiederholte

Versuche zur Voraussetzung, so z. B. die beiden schönen Arbeiten: „Die Bedeutung des Ultraviolett für die Lichtreaktionen bei Gliederfüßern" und „Über die Lichtreaktionen bei Raupen und die Lehre von den tierischen Tropismen."

In einem früheren Abschnitt (Kapitel VI ad a) wurde gezeigt, was Heß aus einer einzigen, von seinem Lehrer gegebenen Anregung, die ihn auf das Linsensystem hinwies, gemacht hat. Es sei hier nebenbei erwähnt, daß Heß für die vor dem Jahre 1900 erschienenen Arbeiten aus dem Gebiet der Akkommodationslehre den von Professor v. Welz gestifteten v. Graefe-Preis erhielt. Wie in Kap. VI ad a wird nun in folgendem eine der Fragen aus dem Gebiet der Vergleichenden Physiologie des Gesichtssinnes herausgegriffen und verfolgt, und zwar jene nach der Entwicklung von Licht- und Farbensinn in der Tierreihe.

Die Beantwortung dieser Frage selbst zieht sich durch etwa 30 Arbeiten hindurch; die Nebenbefunde, welche bei ihrer Beantwortung erhoben werden, sind wiederum von großem Wert. So bringen schon die beiden ersten Arbeiten, wie einst die erste Arbeit aus dem Gebiet der Augenheilkunde: „Über Naphthalin- und Massagestar" mehrere neue Tatsachen, auf welche Heß des öfteren zurückkommt. So ist die Arbeit: „Über Dunkeladaptation und Sehpurpur bei Hühnern und Tauben" der Anfang einer vergleichenden Adaptationslehre; sie zeigt ferner, daß die Lehre von der Nachtblindheit der Hühner und Tauben nicht mehr haltbar ist, zeigt, daß, für diese Tiere, die Stäbchen nicht die ausschließlichen Organe für das Dämmerungssehen sein können, daß den Zapfen die Fähigkeit adaptativer Veränderungen nicht ganz fehlen kann, daß bei Hühnern und Tauben (Heß verwendet albinotische Tiere zur Entscheidung der Frage) weder Sehpurpur noch Pigmentwanderung mit der Dunkeladaptation zu tun haben.

Für die Frage des Farbensehens dieser Tiere bringt die Arbeit den Beweis, daß für die Farbenwahrnehmung in den Augen der Hühner und Tauben der Ort der primären Reizung im Außenglied gelegen ist, daß das Spektrum für diese Tiere am langwelligen Ende annähernd oder völlig mit jenem des Menschen übereinstimmt, daß dagegen für sie das Spektrum am kurzwelligen Ende stark verkürzt ist; es wird ferner die prinzipiell wichtige Tatsache erwähnt, daß die Licht- bzw. Farbenwahrnehmung, jedenfalls innerhalb sehr weiter Grenzen, von der Zapfenkontraktion, welche ja besonders durch kurzwelliges Licht ausgelöst wird, unabhängig sein muß. Und die erste Mitteilung: „Über den Lichtsinn bei wirbellosen Tieren" (1907) widerlegt die Ansicht, daß zwischen dem Heliotropismus wirbelloser

Tiere und Pflanzen eine weitgehende Übereinstimmung bestehe, insoferne
die stärker brechbaren Strahlen ausschließlich oder doch stärker wirksam
seien, als die schwächer brechbaren. — In seinen „Demonstrationen zur
vergleichenden Physiologie des Sehorgans" bringt Heß dann die
Tatsache, daß auch für Süßwasserkrebse, ebenso wie für den Menschen,
die Lichtempfindlichkeit bei Dunkeladaptation erst rasch, dann langsam
zunimmt. Heß berichtet hier ferner über ein Verfahren, das es gestattet,
Hühner nach dem Prinzip der Seebeck-Holmgrenschen Probe, ebenso wie
den Menschen, auf ihren Farbensinn zu untersuchen. Er demonstrierte an
diesem Abend ein Huhn, das mit voller Sicherheit für uns vorwiegend rote
Lichter von solchen für uns grünen und blauen Lichtern unterschied, während ein gleichzeitig mit dieser Probe untersuchter, grünblinder Mensch sie
von jenen nicht zu unterscheiden vermochte. Und die „Neuen Untersuchungen über den Lichtsinn bei wirbellosen Tieren" bringen
Angaben über die Einwirkung des ultravioletten Lichtes. Hand in Hand
mit der Beantwortung der Frage von der „Entwicklung von Licht-
und Farbensinn in der Tierreihe" entwickelt so Heß seine Stellungnahme zur Lehre von der Doppelnetzhaut Parinauds, zu den Beziehungen zwischen pflanzlichem und tierischem Heliotropismus,
zu der Wirkung des Ultravioletts. Immer wieder von neuem stützt
Heß durch weitere Versuche und Beobachtungen seine Ansichten. Und nun
zur Kampffrage!

Heß hatte sich unter Leitung von Ewald Hering, der zum erstenmal
einen Fall angeborener totaler Farbenblindheit beim Menschen
genau untersucht und beschrieben hat (1891), in das Wesen dieser merk-
würdigen Störung des Sehens hineingedacht und eingearbeitet. Nach Jahren
traf Heß bei gewissen Tieren auf ein Verhalten ihres Licht- und Farbensinnes, das von demjenigen, welches sich wohl auch Heß entsprechend der
allgemeinen Anschauung erwartete, abwich. Wieder war es sein streng logi-
sches Denken und die Beherrschung der Hilfswissenschaften, welche ihm
weiterhalfen: Die Physik lehrte ihn, daß in den für ein im Wasser lebendes
Tier herrschenden physikalischen Bedingungen die Erklärung dieser Art
des Sehens gelegen sein konnte; genaue physikalische Untersuchungen über
Licht- und Farbenabsorption im Wasser ergaben so genau übereinstimmende
Befunde, daß Heß in seiner Annahme bestärkt wurde. Welche Freude mußte
es Heß nun bringen, als er auf Grund weiterer, an zahlreichen Tierklassen
mit von ihm hierzu erdachten Methoden angestellten Untersuchungen System
in seine Beobachtungen bringen durfte! Wie mußte ihn der Gedanke, das

beobachtete, abweichende Verhalten ähnle jenem des totalfarbenblinden Menschen, packen! Mit dieser Erkenntnis aber drängten sofort eine Reihe neuer Fragen ihn zu einer Stellungnahme, so die Lehre von den Schmuck- und Warnfarben, den Hochzeitskleidern, von den Beziehungen zwischen Blütenfarben und Insektenbesuch, die Lehre von der Anpassung usw.

Wie Heß an jede herrschende Meinung mit strenger Logik und Kritik herantrat, zeigt recht deutlich seine Stellungnahme zu der Lehre von der Bedeutung der bunten Farben bei Pflanzen und Tieren. Er sagt: „Die heute herrschende Lehre von der Bedeutung der bunten Farben bei Pflanzen und Tieren baut sich auf drei Voraussetzungen auf, die wir als die psychologische, die physikalische und die physiologische unterscheiden wollen.

Die psychologische Voraussetzung nimmt an, daß den in Betracht kommenden Tieren ein gewisser ästhetischer Sinn innewohne, vermöge dessen sie zwischen verschiedenen Farben wählen und eine gewisse Vorliebe für bestimmte Farben haben können.

Die physikalische Voraussetzung nimmt an, daß die Farben, die wir an Tieren und Pflanzen wahrnehmen, von den betreffenden Tierarten insoferne in gleicher Weise wahrgenommen werden können, als für sie das terminale, das ist das von den farbigen Gegenständen zur lichtempfindlichen Netzhautschicht gelangende Strahlgemisch die gleiche physikalische Zusammensetzung habe wie für unser Auge.

Die physiologische Voraussetzung endlich nimmt an, daß die untersuchten Tierarten einen dem unseren vergleichbaren Farbensinn haben.

Diese Voraussetzungen müssen alle drei erfüllt sein, wenn die herrschende Lehre von der Bedeutung der bunten Farben Berechtigung haben soll; sie fällt, wenn auch nur eine von ihnen nachweislich nicht erfüllt ist.

Und nun weist Heß nach, daß z. B. die Anhänger der Lehre von den Schmuckfarben und Hochzeitskleidern der Krebse und Fische zwei Fehler machen: erstens sehen sie, ohne Prüfung, die physiologische Voraussetzung als erfüllt an, zweitens nehmen sie an, es stimmten für die wasserlebenden Tiere und die Vögel, die physikalischen Bedingungen, unter welchen die farbigen Lichter von ihnen wahrgenommen werden, mit jenen überein, unter welchen wir sie sehen. Nun ist aber das Wasser nur in dünnen Schichten annähernd farblos; schon eine Schicht von 4 m verschluckt von den langwelligen Strahlen

so viel, daß ein in Luft schön roter oder orangefarbiger Körper
einem 4 m unter der Oberfläche befindlichen farbentüchtigen Auge selbst
unter günstigsten Beleuchtungsverhältnissen nur mehr braungrau erscheint. Und die Untersuchung des Licht- und Farbensinnes bei Krebsen
und Fischen ergab ihre totale Farbenblindheit. Und zu der Retina
der Sauropsiden gelangt infolge Einlagerung der Ölkugeln ein Strahlgemisch, welches dem zu unserer Netzhaut gelangenden nur gleich ist,
wenn wir in den Strahlengang unseres Auges ein orangefarbiges Glas ein-
schalten."

Denselben kritischen Maßstab aber, welchen Heß an herrschende Meinungen anlegte, legte er auch an seine eigenen Befunde, wenn auch nur
Andeutungen die Richtigkeit gegnerischer Ansichten vermuten ließen. Auch
hat er nie gegen eine Meinung Stellung genommen ohne vorherige Nach-
prüfung der in Frage stehenden Versuche unter Benutzung der vom
Autor angegebenen Versuchsanordnung, solange dieselbe mit physikalischen und physiologischen Gesetzen in Einklang war. Die Frage, ob
bei den Elritzen Anpassung an den Grund stattfinde, verneinte Heß lange;
er regte aber eine Wiederholung seiner eigenen Versuche an. Als sich nun
eine Gruppe von Elritzen fand, bei der sich eine Anpassung feststellen ließ,
da mußte Heß, dem sich diese Tiere immer als totalfarbenblind erwiesen
hatten, zu der Fragestellung kommen: „Wie läßt sich diese Art der
Anpassung mit der ermittelten totalen Farbenblindheit in
Einklang bringen?" Diese Elritzen reagierten nämlich auf dunklerem
Rot so wie auf hellerem Grau, auf hellerem Blau so wie auf dunklerem Grau.
Der totalfarbenblinde Mensch aber sieht ein Rot dunkler, ein Blau heller
als ein Grau von gleichem farblosen Helligkeitswert. Betrachtet er aber
ein Rot und Blau durch ein gelbes Glas, das dem im Fischauge vorgewan-
derten Pigment entspricht, so sieht er das Rot heller, das Blau dunkler.
Die Anpassung der Elritzen steht hiermit in Einklang.

Haben sich Heß die Fische und alle von ihm untersuchten
Wirbellosen als totalfarbenblind erwiesen, so zeigten Amphibien, Vögel und Säuger bei allen Untersuchungen ein Verhalten, wie es der Fall sein muß, wenn ihre Sehqualitäten
ähnliche oder die gleichen sind wie jene des normalen Menschen.
Eine Sonderstellung nehmen die Sauropsiden (Reptilien und
Vögel) nur insoferne ein, als bei ihnen relative Blaublindheit
besteht, bedingt durch die Einlagerung gelber und roter
Ölkugeln zwischen Innen- und Außenglied der Zapfen.

In den Jahren 1919 und 1920 bringt Heß 5 Arbeiten auf dem Gebiet der vergleichenden Physiologie des Gesichtssinnes, welche einen großen Fortschritt bedeuten. Er berichtet über Fluoreszenz an den Augen von Insekten und Krebsen, behandelt die Theorie des Sehens mit Facettenaugen aus neuen Gesichtspunkten, lehnt in meisterhaften Ausführungen die Lehre von den tierischen Tropismen ab, schildert die Dioptrik und Sehleistung der Ocellen bei Insekten, bespricht die vergleichende Physiologie der Adaptation, bringt neue Beobachtungen am Libellenocell, dehnt seine Lichtsinnuntersuchungen auf zehn weitere Arten von Wirbellosen aus, bringt die Deutungen ungemein komplizierter Reaktionen der Bienen, von Polyphemus und Chironomuslarven gegenüber dem Licht und dem ultravioletten Licht, zieht aus ihnen Folgerungen für den Farbensinn bei Arthropoden, teilt die mikroskopische Beobachtung einer phototropen Pigmentwanderung im lebenden Libellenocell mit, bespricht die ausschlaggebende Rolle des Ultraviolett für die Reaktionen der Bienen. — Diesen letztgenannten Arbeiten ist gemeinsam, daß sie demjenigen, der sich die Mühe gibt, sich in die komplizierten Fragen einzuarbeiten, später großen Genuß gewähren: Die Ausführungen sind von wundervoller Klarheit. Sie müssen überzeugend sein für jeden Leser, der die ungemein zahlreichen, unter den mannigfachsten Bedingungen angestellten Versuche genau verfolgt hat. Dabei berichtigen die Ausführungen in ruhigster, sachlichster Weise irrige Meinungen, beleuchten Inkonsequenzen des Denkens, erziehen zu biologischem Denken, geben befreiende, immer auf biologisches Denken sich stützende Erklärungen über eine Reihe bisher vielfach in unbefriedigender Weise erörterte Vorgänge; sie eröffnen neue und weite Ausblicke und wirken außergewöhnlich fördernd und anregend. Die große Klarheit, die Förderung und Anregung, die sie jedem bieten, der sie finden will, haben sie mit Herings Art gemeinsam.

Heß zog also aus dem in abertausend Untersuchungen an mehr als 100 Tierklassen beobachteten identischen Verhalten von Wirbellosen und Fischen den Schluß auf totale Farbenblindheit dieser Tiere. Seine Gegner lehnen diesen Schluß als unzulässigen Analogieschluß ab. Andere befreundete Forscher behaupten, Heß sage nicht: „....die wirbellosen Tiere und die Fische sind farbenblind," sondern er habe sich vorsichtig stets ausgedrückt: „...sie verhalten sich wie der totalfarbenblinde Mensch." **Beides ist unrichtig.** Ich lasse Heß selbst das Wort. In: „Die Bedeutung des Ultraviolett für die Lichtreaktionen bei Gliederfüßern" sagt Heß: „...Die

Verwirrung, die trotz alledem in der Frage nach einem Farbensinne bei
Arthropoden noch immer in weiten Kreisen herrscht, ist, soweit ich sehen
kann, wesentlich auf zwei Irrtümer zurückzuführen. Der eine betrifft die
Folgerungen aus der Tatsache, daß die fraglichen Wirbellosen den verschie-
denen Strahlen des uns sichtbaren Spektrums gegenüber das für totale
Farbenblindheit charakteristische Verhalten zeigen. Selbstverständlich
kann hieraus nur geschlossen werden, daß sie totalfarbenblind
sind usw." Hier steht also klar, daß Heß diesen Schluß gezogen hat. In:
„Beiträgen zur Frage nach einem Farbensinn bei Bienen" sagt Heß:
„Die Zoologie steht noch ganz im Banne jenes alten, vor 100 Jahren wohl
verzeihlichen, heute aber schwer verständlichen Analogieschlusses, da der
Mensch Farbensinn habe, müßten auch die Bienen Farben sehen. Wenn
jemand aus dem Vorhandensein farbiger Photographien schließen wollte,
alle photographischen Apparate müßten farbige Aufnahmen liefern, so erkennt man leicht das Unzulässige einer solchen Verallgemeinerung, denn es
ist auch dem Laien geläufig, daß die Farbigkeit oder Nichtfarbigkeit einer
Photographie nicht sowohl vom dioptrischen Apparat, als von der beson-
deren Art der lichtempfindlichen Schicht abhängt. Aber ist es besser, wenn
man aus dem Vorhandensein physikalisch-dioptrischer Vorrichtungen zur
Bilderzeugung am Bienenauge schließt, das innere Auge der Biene — Netz-
heut und Sehzentrum — müsse trotz so großer Verschiedenheiten im Aufbau vom Zentralorgan mit jenem beim Menschen identisch sein? Nehmen
wir aber an, daß den vom Lichte im Sehorgane ausgelösten physischen Re-
gungen nicht nur beim Menschen, sondern auch bei niederen Tieren psy-
chische Korrelate zugehören, so kommen wir in die Lage, die aus den Be-
wegungen erschlossenen psychischen Vorgänge oder Sehqualitäten bei den
Tieren mit den an unserem eigenen Sehorgan durch die nämlichen Licht-
reize ausgelösten zu vergleichen. Die Helligkeiten aber, in welchen ein
Lebewesen farbige Lichter sieht, sind für die normale Farbentüchtigkeit,
für gewisse Arten von partieller Farbenblindheit sowie für die totale Farbenblindheit in ganz charakteristischer Weise verschieden. Der Einfluß der verschiedenen farbigen Empfindungsanteile auf die Helligkeit der Gesamtempfindung
ist selbstverständlich nur von der Art des farbigen Empfindungsanteiles,
nicht aber von der Art des eben untersuchten Sehorganes abhängig, also
auch unabhängig davon, ob es sich um ein Menschen- oder Tierauge
handelt."

VII. Heß als wissenschaftlicher Lehrer.

Die drei letzten Kapitel brachten einen gewissen Überblick über das wissenschaftliche Werk von C. v. Heß; aus ihnen ging hervor, daß Heß jedes seiner drei großen Arbeitsgebiete fast 40 Jahre lang pflegte, gleich unermüdlich auf alte Fragen zurückkehrend, ebenso unermüdlich neue Fragen anschneidend. Es erübrigt noch, Heß in seinen Beziehungen zum wissenschaftlichen Nachwuchs und den Einfluß seiner Werke zu schildern.

Ein Teil der Gegner von Heß — und Heß hatte, ebenso wie Ewald Hering, entsprechend der Bedeutung und Neuheit seiner Ideen, eine große Anzahl von Gegnern aus den verschiedensten Lagern — ist der Ansicht, Heß habe auf wissenschaftlichem Gebiet keinen Widerspruch vertragen und nur die eigene Meinung gelten lassen. Nichts ist unrichtiger als diese Behauptung:

Einer Heßschen Hypothese — wohlgemerkt Hypothese — und Heßscher Hypothesen gibt es nur wenige, denn er war kein Freund von Hypothesen und Theorien — konnte jedermann eine andere Hypothese gegenüberstellen. Sie wurde ruhig angehört und in ruhiger, sachlicher Weise besprochen. Noch als Medizinalpraktikantin stellte ich der Heßschen Hypothese von der Bedeutung der Ölkugeln in der Sauropsidenretina (Reptilien und Vögel) eine andere Hypothese gegenüber. Heß gab mir den Aufsatz mit den Worten zurück: „Ich teile Ihre Ansicht nicht. Aber es ist recht, daß Sie über die Sache nachgedacht haben. Hinter die Schwächen meiner Hypothese sind Sie hübsch gekommen. Meine Ablehnung Ihrer Hypothese ist durch das Verhalten der Amphibienretina bedingt." Diese Antwort ist bezeichnend für die Art von Heß: Der erste kurze Satz bringt seine Stellungnahme; der zweite kurze Satz erkennt die geleistete Arbeit als solche an; der dritte kurze Satz sagt, was auch nach seiner Ansicht gut ist an der Arbeit; der vierte kurze Satz gibt die Begründung der Stellungnahme.

Einer von Heß gefundenen Tatsache ließ sich schwer eine abweichende Meinung gegenüberstellen, denn eine Tatsache stellte Heß erst nach reiflichster Überlegung auf. Hier handelte es sich wohl meist darum, eine Erklärung von Nichterfaßtem zu erbitten. Auch diese wurde bereitwilligst gegeben, durch ein Gleichnis beleuchtet und die Worte: „Lassen Sie sich die Sache einmal von diesem Gesichtspunkt aus durch den Kopf gehen", erlaubten Wiederaufnahme der Erörterung nach angestellter Überlegung.

Lehnte nun aber Heß seinerseits eine neue Beobachtung ab — und sollte dies auch erst in temperamentvoller Weise geschehen sein —, so

war es natürlich in Anbetracht der Autorität das Gegebene, sich von der
Richtigkeit der eigenen Beobachtung durch monatelange neue Versuche zu
überzeugen, Beweismaterial aus Hilfswissenschaften zu suchen und so ge-
wappnet die Wiederaufnahme der Unterhandlungen zu eröffnen. Sie ge-
langten dann auch zu denkbar befriedigendstem Abschluß.

Bei Heß war es möglich, in irgendeiner wissenschaftlichen
Frage jahrelang anderer Meinung zu bleiben und dennoch seines
fördernden Interesses, auch in dieser Frage, gewiß zu sein.
Ohne je ein unsachliches Wort zu hören zu bekommen, durfte man Heß alle
einschlägigen, aufgezeichneten Beobachtungen bringen.

Ich bin mir wohl bewußt, daß von mancher Seite Zweifel in die Richtigkeit obiger Ausführungen gesetzt werden dürften; sie bringen aber wahr-
heitsgetreu die Art, wie Heß während fast 6 Jahren zu meinen Aufzeich-
nungen, Beobachtungen, Arbeiten Stellung genommen hat. Und es ist
wohl anzunehmen, daß Heß überall so gehandelt hat, wo der Gegenpart
persönlichen Mut und Ausdauer hatte. Es entsprach diese Art der Stellungnahme übrigens nur dem, was ich erwarten durfte nach den Worten, mit
denen Heß die Zurückgabe einer ersten kleinen Arbeit aus dem Gebiet der
Augenheilkunde begleitete: „Merken Sie sich ein für allemal, daß Sie nie
auf die Autorität hin nachgeben, sondern nur wenn Sie überzeugt sind.“

Ein ganz besonders liebenswürdiger Zug seiner Art als wissenschaftlicher
Berater war folgender: „Eine zur Beurteilung übergebene Arbeit
ließ Heß — trotz aller Arbeitsüberhäufung — nie liegen. Er ersparte dem
Anfänger das ängstliche Harren auf sein Urteil. Übergab man am Abend
die Arbeit, so war sie tags darauf gelesen, und zwar genau gelesen — und
wurde nun durchgesprochen. Und in welch liebenswürdig ermutigender
Weise wurde das Urteil dem Anfänger gegeben, mit gleichzeitigem Hinweis, in welcher Richtung weiterzuarbeiten und nachzulesen sei. Und wie
rasch führte Heß den Schüler voran! An Stelle der Hilfe trat das Wort:
„Nur selbst herausbringen.“ Freundlich wurde dann beim Anfänger das
Selbsterarbeitete anerkannt. — Wieder änderte Heß seine Art: War Heß
mit einer neuen Beobachtung einverstanden, so sagte er nur mehr: „Das
ist etwas,“ war er mit einer neuen Arbeit einverstanden, so verlor er kein
Wort mehr; er besprach nur mehr, was entweder ihm selbst nicht richtig
schien oder was mißdeutet werden konnte. So wurde bald höchster Ehrgeiz
der Wunsch: „Möchte Heß doch kein Wort zu der Arbeit sagen!“ Begleitete
also Heß die Zurückgabe nur mit den Worten: „Schicken Sie die Arbeit
da oder dorthin,“ so bedeutete das eine sehr gute Zensur.

Und etwas wie eine sehr gute Zensur war es auch, wenn Heß dem Schüler einen ersten Entwurf einer seiner eigenen Arbeiten gab. Dann arbeitete man ihn die Nacht über wohl mehrmals durch, um sich mit den neuen Gedanken und Anregungen, an denen ja jede Heßsche Arbeit so reich ist, vertraut zu machen, um den sich ergebenden Beziehungen und Hinweisen nachzugehen und tags darauf — denn Heß fragte dann natürlicherweise auch schon tags darauf — seine Stellungnahme zeichnen und begründen zu können.

Ein großer Ansporn für den wissenschaftlichen Nachwuchs mußte die Art sein, wie Heß in seiner Arbeit lebte. Im Sommer und Herbst 1919 — nach meinem Ausscheiden aus der Klinik — machte mir Heß die große Freude, jede Woche 3—4 Nachmittage seinen Farbensinnuntersuchungen beiwohnen zu dürfen. Verließ dann Heß abends gegen 7 Uhr die Klinik, so war sein Abschiedswort: „Nun noch die Berechnungen" und am anderen Morgen der Gruß: „Es hat alles gestimmt." So ging Heß in seiner Arbeit auf!

Und noch etwas! Korrigierte Heß eine durch seine Bedeutung und durch von gegnerischer Seite erfahrene Kritik in seiner Feder vollauf gerechtfertigte, scharfe Bemerkung in eine ihm gegebene Arbeit und war man der Ansicht, daß dem Anfänger solches nicht zieme, so konnte man auch dies ruhig sagen.

Ich habe absichtlich all diese kleinen Züge gebracht. Sie scheinen mir das wahre Bild von Heß zu vervollständigen; sie scheinen mir mehr als lange Erörterungen geeignet, die Legende einer gewissen Unduldsamkeit auf wissenschaftlichem Gebiet zu entkräften.

VIII. Der Einfluß seiner Werke.

Der Einfluß der Heßschen Arbeiten wird zunehmen in dem Maße, in welchem ein genaues Studium derselben einsetzen wird. Sie sind eine so reiche Quelle von Anregungen, daß sie mit Naturnotwendigkeit zahlreiche Arbeiten veranlassen müssen. Sie weisen so viele Wege, auf welchen bisher unbeantwortbare Fragen in Angriff zu nehmen sind. Selbstredend war aber sein Schaffen schon zu Lebzeiten von Heß von weitgehendem Einfluß. Zeugnis davon geben die zahlreichen lebhafter Kontroverse gewidmeten Abhandlungen seiner Gegner, das Interesse des Auslandes, die Berichte der Ophthalmologischen Gesellschaft und die Arbeiten des Archivs für Augenheilkunde vom Jahre 1887—1920. In ihnen finde ich in etwa 80 Arbeiten einen Hinweis auf Heßsche Arbeit oder einen Hinweis, daß die Be-

schäftigung mit dem Thema durch eine Heßsche Arbeit angeregt worden
ist, so die Arbeiten von Crzellitzer über Zonulaspannung und Linsen-
form, von Darier über die Ptosisoperationen, von Schmidt-Rimpler über
das partielle Fehlen der Zonula bei angeborenen Linsenluxationen, von
Hertel über die Empfindlichkeit des Auges gegen Lichtstrahlen, von Pfalz
über klinische Erfahrungen über Spasmus und Tonus des Akkommodations-
apparates. Es nehmen ferner Stellung zu Heßschen Veröffentlichungen
Sattler, Nörring, Schön, v. Hippel, Pflüger, Rosenmayer, Uhthoff, van der
Hoeve, Dimmer usw. — Nicht unerwähnt bleibe der Einfluß Heßscher neu-
artiger Therapie für den Praktiker, sowohl Augenarzt als prakt. Arzt in der
Behandlung der Hornhautgeschwüre usw.

Das Ausland hatte lebhaftes Interesse für das eigenartige, so viel neue
Ausblicke bietende Schaffen von Heß. Jahraus, jahrein besuchten ausländische und inländische Augenärzte die Heßsche Klinik, wandten zahlreiche in- und ausländische Kollegen sich an Heß, der als ungemein ange-
nehmer Konsiliarius galt.

Der X. internationale ophthalmologische Kongreß in Luzern (1904)
beschloß eine einheitliche Bestimmung und Bezeichnung der Sehschärfe anzustreben. Als Glieder der zu diesem Zwecke eingesetzten Kommission wurden gewählt die Herren Charpentier, Dimmer, Eperon, Jesopp.
Nuël, Reymond, Heß. Als Vorsitzender der Kommission wurde der
Vertreter der deutschen Ophthalmologie bestimmt: C. Heß.

Der nächste (XI.) internationale ophthalmologische Kongreß in Neapel
(1909) schloß sich mit allen gegen 2 Stimmen dem Bericht der Kommission
für einheitliche Bestimmung und Bezeichnung der Sehschärfe an und nahm
die von ihr vorgeschlagenen Tafeln als internationale Sehproben
an. Die vorgeschlagenen Tafeln waren jene von C. Heß.

1907 wurde Heß zu einer Vortragsreise in Amerika aufgefordert.

Eine Reihe seiner Arbeiten ist in fremden Sprachen erschienen: Die
Erstlingswerke: „Über Naphthalin- und Massagestar", „Über Fädchenkeratitis", „Untersuchungen zur Lehre von der Akkommodation" besonders in französischer Sprache; „Notizen über zentrales Scotom", „Untersuchungen über die Ausdehnung des pupillo-motorischen Bezirkes der Retina
und des Pupillenspieles", „Vergleichende Studien über den Einfluß der
Akkommodation auf den intraokularen Druck bei Säugetieren", „Individuelle Verschiedenheiten des normalen Ziliarkörpers", „Über Hemeralopie",
„Weitere Studien über Hemeralopie", „Beiträge zur Glaukomfrage" besonders in englischer Sprache; „Untersuchungen über den Mechanis-

mus der Akkommodation ist 1904 in italienischer Sprache erschienen,
und 1922 brachte Dr. Luigi Maggiore, Rom, eine gute, klare Zu-
sammenfassung und Orientierung über die „Farbenlehre".

Recht umfangreich, aber wenig erfreulich ist die von den naturwissenschaftlichen Gegnern in der Kontroverse geleistete Arbeit. Darwin besaß
die umfassendsten Kenntnisse in der Zoologie, der Botanik und der Geologie;
diesen drei Disziplinen entnahm er die Beweise für seine Lehre. Häckel
führte drei deutsche Doktortitel. Heß besaß den philosophischen und den
medizinischen Doktor. Alle drei Forscher hatten also ihre Ausbildung auf
breite Grundlage gestellt; trotzdem wurde allen drei Forschern von den
Fachwissenschaftlern verübelt, daß sie in mehrere Disziplinen der Forschung
gleichzeitig hineingriffen. Und doch war das ihr gutes Recht. Denn die Erkenntnis von der Notwendigkeit einer breiten, wissenschaftlichen Grundlage pflegt auch jene einer dauernden Weiterbildung zu zeitigen. Wie sehr
dies bewußterweise z. B. bei Heß der Fall war, verraten die Worte, mit denen
Heß das Leihen eines naturwissenschaftlichen Werkes begleitete: „Ich habe
in den letzten 25 Jahren viel auf diesen Gebieten dazulernen müssen und
werde es weiter tun müssen." Und so war es in der Tat bis zu seinem Tode:
unentwegt forschte, beobachtete, verglich, lernte Heß, ob er nun in der
Klinik, an der Neapeler Zoologischen Station, in der blauen Grotte auf Capri,
auf dem Morteratsch-Gletscher weilte, ob er die Absorption der Farben im
Wasser am schönsten Sommertag bei größter Himmelshelligkeit in Positano,
an der Nord- und Ostsee oder an bayerischen Seen verglich, ob er teilnahm an
den ihm so lieben und wertvollen Versammlungen deutscher Naturforscher
und Ärzte. Und dieses unentwegte Streben erhielt ihm wunderbare geistige
Elastizität und Frische und Aufnahmefähigkeit. Die naturwissenschaftlichen Gegner von Heß mußten, um die Resultate Heßscher Versuche ab-
zulehnen, ihre Zuflucht manchmal zu sehr gezwungenen Erklärungen nehmen. So wurde z. B. behauptet, Bienen ließen sich auf Farben
dressieren. Heß gestaltete den Dressurversuch einwandfrei, indem er eine
nach Art eines Schachbrettes mit 16 unmittelbar aneinander grenzenden
blauen und gelben Feldern beklebte Glasplatte nahm. Diese Glasplatte
war unter einer zweiten, unbeklebten Glasplatte so verschieblich, daß bei
einer Änderung der Lage keine Erschütterung erfolgte. Es erwies sich, daß
sich keine Dressur auf Farben (auch nach 6 Wochen nicht) erzielen ließ.
Die Gegner wenden nun ein, auf geometrischer Figur (Qua-
drat) gelinge die Dressur nicht. Es scheint mir wenig ersicht-
lich, warum Bienen, welche beim Bau ihrer Waben die geo-

metrische Figur des Sechseckes benutzen, gerade an der geo-
metrischen Figur des Quadrates Anstoß nehmen sollen.

Heß selbst suchte sich lange in sachlicher Weise mit seinen Gegnern
auseinanderzusetzen; er wurde jahrelang nicht müde, auf die bei einer Untersuchung gemachten Fehler hinzuweisen. Erst wenn der Ton jüngerer Forscher
mehrfach unangemessen worden war, schlug er frisch los. Man hat Heß
Intoleranz vorgeworfen. Tatsächlich erhitzte er sich leicht im Sprechen
gegen eine Theorie, die für ihn abgetan war; es war dies aber nur die
Ungeduld eines mit dieser Theorie fertigen Menschen, den es
drängt, weitere Ziele zu verfolgen und der keine Zeit mehr hat,
auf Abgetanes immer wieder zurückzugreifen. Wo er aber sah,
daß der Wunsch nach Belehrung den Einwand bedingte, da ließ ihn seine
Güte geduldig seine Anschauung wiederholen.

IX. Schatten.

Wo so viel Licht war, wie in der lichtvollen Persönlichkeit von Heß,
da muß es notwendig auch Schatten gegeben haben. Entgegen physikalischen Gesetzen waren es keine tiefen Kernschatten, nur leichte Halb-
schatten, die in den letzten Jahren das glänzende Bild ab und zu etwas ver-
schleierten. Seine Gegner haben Zeit seines Lebens und sofort nach seinem
Tode sich mit angeblichen Fehlern befaßt. Hierzu habe ich schon Stellung
genommen. Die Schatten, von denen ich sprechen werde, waren die Kehr-
seite dreier Vorzüge: des Mangels an Menschenverachtung, größter Energie
gegen sich selbst, eigenen dankbaren Anerkennens der Gunst des Geschickes.
Sein Mangel an Menschenverachtung ließ ihn Menschen für des Vertrauens
wert halten, die es nicht waren; seine ungeheure Energie gegen sich selbst
zeugte Mangel an Energie gegen andere; selbst wenn er unter bestehenden
Verhältnissen litt, fiel es ihm sehr schwer, eine Änderung zu treffen; sein
eigenes dankbares Anerkennen der Gunst des Geschickes und dadurch be-
dingtes rastloses Streben ließ ihn gleiches Streben irrigerweise oft bei anderen
Günstlingen des Geschickes voraussetzen. Diese drei aus Vorzügen geborenen
Fehler führten zu mancher Härte. Angesichts der großen Leistungen und
der Liebenswürdigkeit seiner Natur scheinen sie fast unwesentlich. Erwäh-
nung wird ihrer nur getan in dem Gedanken, daß man große Tote durch
Verschweigen ihrer Fehler nicht ehrt.

X. Schluß.

In Kapitel VI schrieb ich unter ad b): „Am völligen Ausbau des Systems der angeborenen Farbensinnstörungen hat der Krieg und der Tod Heß gehindert." Der Krieg tat es auf zweierlei Weise: einerseits bürdete er und bürdete Heß sich selbst während des Krieges eine ungeheure Arbeitslast auf, deren Bewältigung nur auf Kosten der Gesundheit erzwungen werden konnte, anderseits unterband der Krieg die Ausführung und Fertigstellung eines kostspieligen Instrumentariums. In seinem Differentialpupilloskop hatte sich Heß — mit dem ihm eigenen technischen Können — ein für objektive Untersuchungen des Licht- und Farbensinnes überaus geeignetes Instrument geschaffen. Die Genauigkeit der pupilloskopischen Messungen beleuchte ein Beispiel: Ein auswärtiger, bei Heß in den Ferien arbeitender Forscher und ich fanden, als wir uns gegenseitig pupilloskopierten, für das verwendete Blau eine weit über die Fehlergrenzen gehende Abweichung zwischen uns beiden, d. h. die Grenze liegt für E. bei 34, für mich bei 24. Ohne Heß den erhobenen Befund mitzuteilen, bitten wir, er möge für unsere Augen die Grenzen dieses Blau feststellen. Heß findet für E. 34, für mich 24. Diese Genauigkeit dürfte wohl selbst hohen Anforderungen genügen!

Als aber Heß die Grenzen seines Differential-Pupilloskopes erkannte, da erdachte er zur Weiterführung seiner Untersuchungen das „Spektral-Pupilloskop". Seine Anfertigung — die Pläne waren schon 1917 zu Zeiß gesandt — hemmte der Krieg. Heß erwartete sich viel von den Ausnutzungsmöglichkeiten dieses Instrumentes. Ich selbst weiß bestimmt, daß die Arbeit mit dem Spektral-Pupilloskop Heß den völligen Ausbau des Systems der angeborenen Farbensinnstörungen gebracht hätte.

In staunender Ehrfurcht steht man der ungeheuren von Heß geleisteten Arbeit gegenüber: Der Arzt, der Operateur, der Wissenschaftler hat jeder für sich eine volle Lebensarbeit vollbracht. Am größten, weil am aufreibendsten in ihrer Gesamtheit, war die Arbeitsleistung in der Münchener Zeit. Und doch hörte man von Heß nur selten eine Klage und wenn je, so in anmutiger Form wie: „Meister muß sich immer plagen." Die Münchener Jahre brachten aber im Vergleich mit der Würzburger Zeit auch andere schwere Hemmungen mit sich. Daß Heß diesen Hemmungen zum Trotz so Ungeheures leistete, erfüllt aber mit Wehmut. Solches Schaffen mußte dem Aufbrauch der Kräfte Tür und Tor öffnen. Die Überlebenden, welchen dieser zu frühe Tod nahegeht, müssen als Trost sich sagen, daß Heß sich nicht hätte hemmen lassen, auch wenn seine Krankheit früher erkannt worden wäre.

Ein letzter Rückblick auf das Wesen, Leben, Schaffen von C. v. Heß zeigt uns als markantesten Zug: die Treue: Treu war er seinem eigenen inneren Wesen, treu seinem verehrten Lehrer Ewald Hering und dessen Lehre, treu seiner Arbeit, treu seinen Freunden, treu deutscher Art. Und darum wird auch C. v. Heß und seinem Werk die Treue gewahrt werden.

Das Bildnis eines Menschen gewinnt ein eigenes Ansehen je nach dem Standpunkt, von dem man es betrachtet. Anders wird es der Jugendfreund, anders der Kampfgenosse der reiferen Jahre, anders der Schüler zeichnen. Ich konnte das Bild von C. v. Heß nur bringen, so wie es mir als Schülerin die letzten 10 Jahre seines Lebens prägten.

www.ingramcontent.com/pod-product-compliance
Lightning Source LLC
Chambersburg PA
CBHW050645190326
41458CB00008B/2429